U0385342

图解人气钩针编织（北欧风格篇）

[日] E&G 创意 编著
韩慧英 陈新平 译

目录

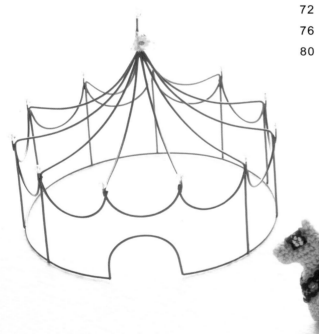

中国水利水电出版社
www.waterpub.com.cn

参与人员
装帧／五十岚久美惠 pond inc.
摄影／大岛明子（作品） 本间伸彦（采访·制作步骤·线样本）
造型／植松久美子
作品设计／青木惠理子　今村曜子　大桥裕　冈真理子　镰田惠美子
　　　　　河合真弓　小濑千枝　长者加寿子　松本薰　沟端弘美
编织方法解说／佐佐木初枝　外川加代　中村洋子　西村容子
绘图／小池百合穗　中村洋子
制作步骤协助／河合真弓
编织方法校对／外川加代
策划·编辑／ E&G CREATES（薮明子　增子 MITIRU）

穿上极具人气的北欧图案！
短上衣、围巾、围脖

传统图案穿出成熟气质

编入花样和立体的阿伦花样，不仅带来感官上的美感，还使
人心里温暖。
这个冬季，一定要穿上北欧风格的服饰。

Bolero

阿伦花样的短上衣

钩针编织比棒针编织轻松许多。
逐一完成精美的阿伦花样的过程，
就是体验经典美的过程。

作品设计 / 冈真理子
制作 / 大西双叶

编织方法 → 25 页
所用线 → RICH MORE 贝仙

后衣片仅在中央布置 1 个花样，
设计简洁。
基本为长针和短针编织，轻松
即可完成。

Muffler
阿伦花样的围巾

中央是锯齿线装饰，侧边是扭花的设计。
相同花样的重复编织，
长宽均可根据喜好调节。

作品设计 / 镰田惠美子

编织方法 → 28 页
所用线 → CLOVER Champagne Tweed

可自由缠绕并打结的
简单围巾，
一件可长时间使用的
实用宝贝。

米色分层线夹入纤细的金银
线，使织片展现出别样质感，
并呈现立体效果。

Snood

北欧花样的围脖

冬季防寒不可或缺的围脖。
紧紧围绕于脖间，抵挡严寒强风。

作品设计／大桥裕

编织方法 → 29 页
所用线 → OLYMPUS Tree House Leaves

混纺羊驼仔毛柔软亲肤，
还有自然清新的图案设计。
少许水蓝色的清新点缀，
让质感看上去更加轻柔。

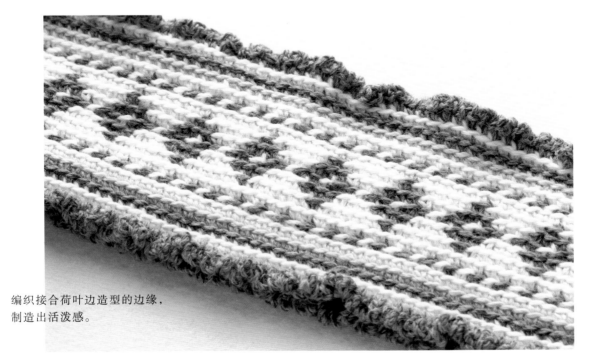

编织接合荷叶边造型的边缘，
制造出活泼感。

Snood

阿伦花样的围脖

遮盖肩部和背部的宽大设计。
双手能自由伸展的围脖适合外出，
室内活动同样很方便。

作品设计／镰田惠美子

编织方法 → 39 页
所用线 → HAMANAKA 苏罗梦罗
奥帕卡羊毛（L）、露普

基底的长针上层浮现出清晰的扭花针图案，穿上之后图案也会完美展现。
边缘点缀着人造毛，增添一层暖意。

扭花针通常被认为是棒针针法，钩针也能编织出相似的精美效果。

Muffler & Cap
北欧花样的小围巾和帽子

星星图案的穿口设计围巾。
搭配胖胖质感的泡泡针织片，星星图案部分也有泡泡针。

作品设计／大桥裕

编织方法 → 30 页（小围巾）、31 页（帽子）
所用线 → OLYMPUS make make cocotte、Ever

再搭个成套的帽子吧！
简单款型，每天都能戴。

搭配森系便服，
活泼可爱。
还有吸引人的星星图案。

Tote Bag Collection

广受好评的北欧图案
圆底包包

好处多多的生活用品！

唯美精致的北欧图案圆底包包，你想拥有吗？
有适合放书本的尺寸，或者适合放入手袋中的尺寸等。
以下，就介绍 5 种实用的精美图案圆底包包。

见 >> 14页

见 >> 17页

见 >> 19页

见 >> 16页

见 >> 18页

两用圆底包包

可通过纽扣位置调节拎手长度的两用圆底包包。
而且，两面编入不同图案，是一款兼具美观及实用性的包。
※ 主题图案从上至下，分别是瑞典哥特兰岛的太阳、小鸟和树叶。

作品设计 / 小濑千枝

编织方法 → 32 页
所用线 → HAMANAKA 驻娜

可轻松容纳 A4 尺寸的大容量拎包。
如果放入物品很多,可将拎手调长
挂在肩上。
可以从6种图案中选择自己喜欢的,
或者选用其他图案。
※ 主题图案从上至下,分别是瑞典
哥特兰岛的王冠、花和几何图案。

树形图案扭花针的
圆底包包

图案就像树木被银妆素裹的原色小包。
散步或购物携带都很方便，
圆底设计还适合放入便当盒等。

作品设计 / 镰田惠美子

编织方法 → 34 页
所用线 → OLYMPUS Ever

扭花针和锯齿图案的圆底包包

立体图案搭配粗花呢的质感，由心感到暖意。
简单的拎包适合任何服饰，随时能够携带。

作品设计 / 镰田惠美子

编织方法 → 36 页
所用线 → OLYMPUS Ever TWEED

达拉木马的圆底包包

创意提花编织瑞典达拉娜的传统木雕——达拉木马。
似乎用瑞典国旗的颜色暗喻这是一款时尚的北欧小包。

作品设计 / 青木惠理子

编织方法 → 36 页
所用线 → RICH MORE 斯帕特 摩登

花形花样的圆底包包

外观看不出是大容量圆底包包。
簇拥盛开的花朵表现出华丽装饰感，这是一款
最想带出门的包。

作品设计 / 今村曜子

编织方法 → 44 页
所用线 → OLYMPUS Nicotto

北欧图案套装!
帽子 & 小围巾 · 装饰领

使用 HAMANAKA 手编线

Nordic *
Cap & Muffler

帽子 & 小围巾

感受复古美的提花编织花样。
下摆使用明亮的红色点缀。
寒冷的季节，既能御寒又能搭配服饰。

作品设计 / 今村曜子

编织方法 → 40 页（帽子）、41 页（小围巾）
所用线 → 艺丝羊毛（L）

Muffler

小尺寸环状编织，
感受重重温暖。
图案鲜明的围巾，
决定穿衣风格。

*Aran**
Cap & Collar

帽 子 & 装 饰 领

羊驼混纺的柔软线质，宽大的阿伦花样帽子搭配扭花针。
装饰领则采用粗扭花针。
适合搭配任何款式服饰的必备佳品！

作品设计 / 冈真理子
制作 / 大西双叶

编织方法 → 42 页（帽子）、43 页（装饰领）
所用线 → 苏罗梦罗奥帕卡羊毛（L）

Collar

延伸至肩端的长度，
适合搭配无领的外套。
同线编织的包扣是装饰亮点。

宝库编织

从领口开始的
棒针编织

[日] 宝库社 编著
韩慧英 阚江涛 译

日本编织大师的超人气原创设计
不断加印的热销好书原版引进

全图解
编织过程
17 款美妙作品

《从领口开始的
棒针编织》

定价：32.80

· 日本编织大师的超人气原创设计
· 不断加印的热销好书原版引进
· 17 款美妙作品编织过程全图解，就算你是新手，
  也能钩出令人一见倾心的棒针作品！

镂空图案的圆过肩开衫
Lacy cardigan

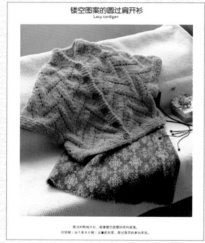

插肩式条纹图案毛衣
Border sweater

插肩式扭花图案毛衣
Cable sweater

几何图案的圆过肩开衫
Geometric pattern cardigan

阿伦花样的短上衣 photo → 第 2 页

使用的线和针
RICH MORE 贝仙 / 绿色（97）…
255g 钩针 7/0 号

其他材料
直径 23mm 纽扣…3 个

成品尺寸
胸围 90cm、背肩宽 39cm、衣长
44.5cm

织片密度
花纹针 /10cm 见方 18.5 针 13.5 行

编织方法
1 后衣片锁 84 针起针，花纹针无加减编织至第 31 行。接着，袖窿减针编织至第 25 行，编织 3 行肩下、领窝。

2 前衣片锁 46 针起针，花纹针无加减编织至第 31 行。接着，按记号图减针编织袖窿，再减针领窝并编织肩下。

3 正面对合前后衣片，引拔针锁

针（2 针）订缝。卷针拼接肩部。

4 接线于右前衣片的领窝，编织 5 行边缘针。接着，按顺序从左前端、下摆、右前端、领窝整周编织 1 行短针。

5 参照扣眼的处理方法制作扣眼，纽扣缝接于指定位置。

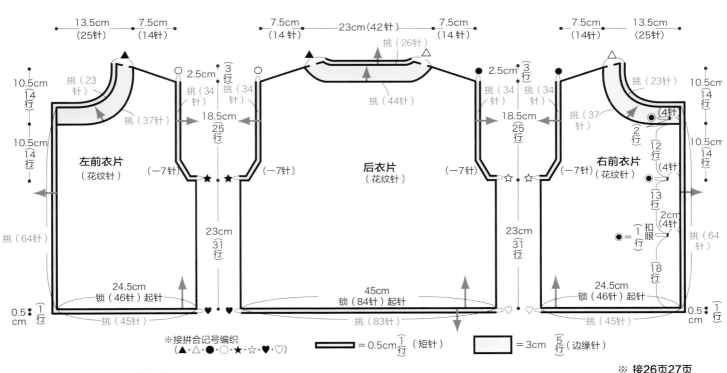

※ 接拼合记号编织
（▲·△·●·○·★·☆·♥·♡）　　　 = 0.5cm ①行（短针）　　　 = 3cm ⑤行（边缘针）

※ 接26页27页

组合方法

纽扣缝接于左前衣片

引拔针的锁针订缝

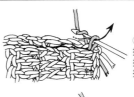

①入针于端部针圈，挂线于针引出，再次挂线于针，编织1针引拔针。

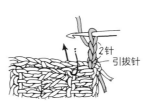

②编织2针长针1行等量的锁针，挑起下个针圈的头部（同第2行交界的头部），编织1行引拔针。

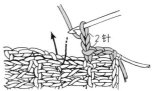

③重复"引拔针1针及锁2针"，订缝时注意保持织片平整（锁针的针数因花样而异，对应下个引拔位置的长度进行编织）。

※接25页

后衣片

※挑起上一行的针圈和针圈之间，编织领窝最终行的短针。

短针
边缘针

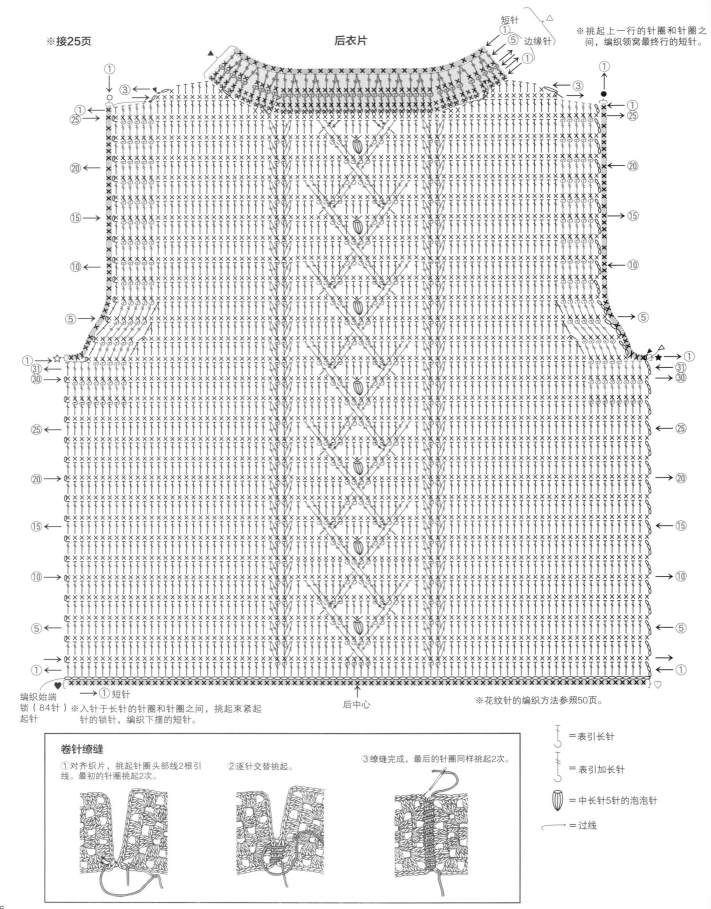

编织始端
锁（84针）
起针

♥=①短针

※入针于长针的针圈和针圈之间，挑起束紧起针的锁针，编织下摆的短针。

后中心

※花纹针的编织方法参照50页。

卷针缭缝

①对齐织片，挑起针圈头部线2根引线。最初的针圈挑起2次。

②逐针交替挑起。

③缭缝完成，最后的针圈同样挑起2次。

= 表引长针

= 表引加长针

= 中长针5针的泡泡针

= 过线

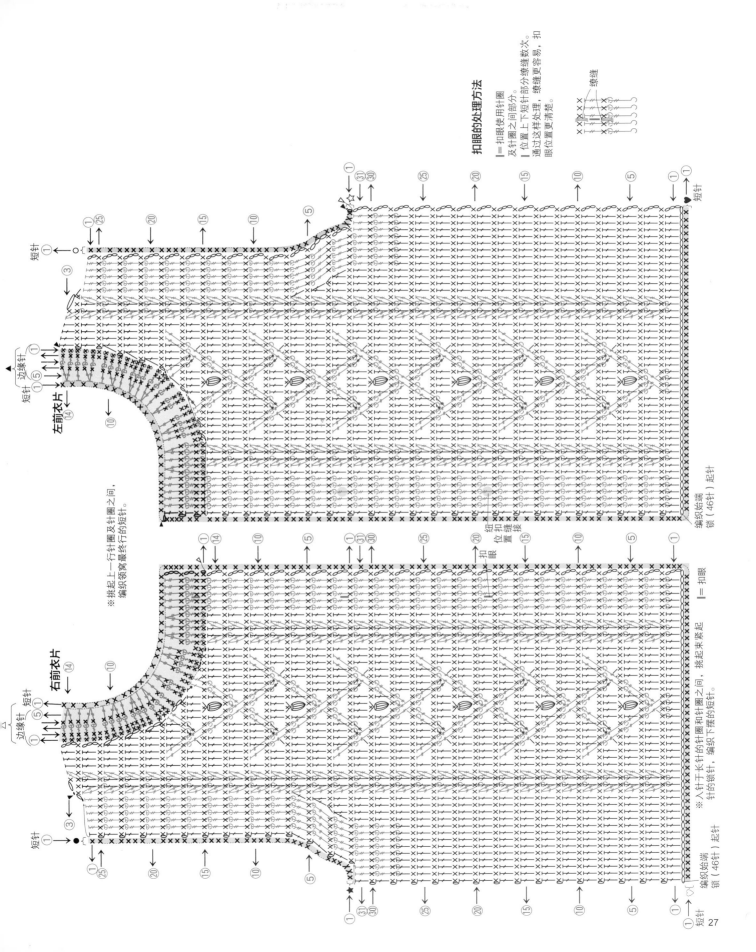

扣眼的处理方法

|=扣眼使用针圈及针圈之间部分。
|位置上下短针圈之间缝缝数次。通过这样处理，缝缝更容易，扣眼位置更清楚。

缝缝

右前衣片

左前衣片

短针

边缘针

短针

扣眼

扣眼

缝缝位置

编织始端
锁（46针）起针

编织始端
锁（46针）起针

※挑起上一行针圈及针圈之间，编织领窝最终行的短针。

※插入针于长针的针圈和针圈之间，编织下圈的短针。插入针于长针针的锁针，挑起束紧起。

|=扣眼

阿伦花样的围巾　photo → 第 4 页

使用的线和针
CLOVER Champagne Tweed/ 米色系
（61–282）…150g
钩针 5/0 号
成品尺寸
宽 18cm、长 125cm

织片密度
花纹针 /10cm 见方 19.5 针 13.5 行
编织方法
锁 35 针起针，花纹针编织 169 行。

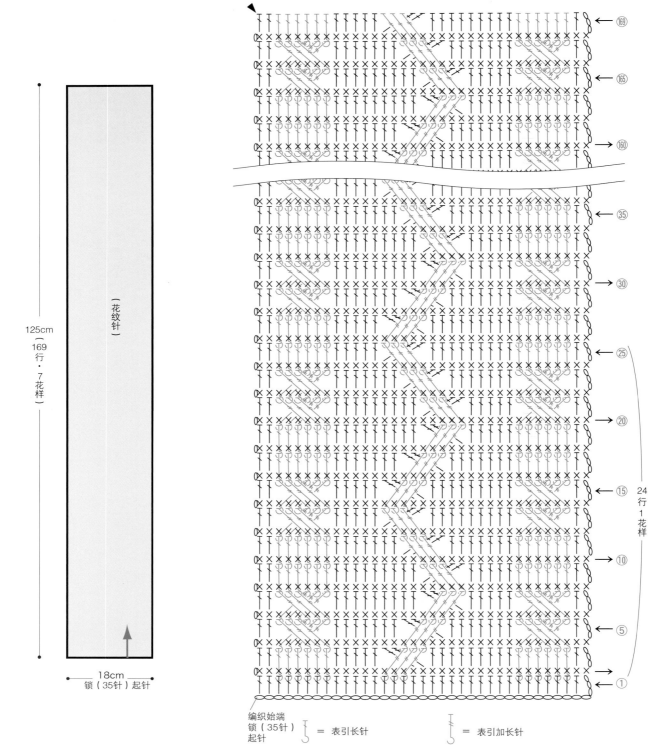

125cm
（169 行・7 花样）

（花纹针）

18cm
锁（35 针）起针

编织始端
锁（35 针）
起针

⌐ = 表引长针

⌐ = 表引加长针

北欧花样的围脖 photo → 第 6 页

使用的线和针
OLYMPUS Tree House Leaves/ 褐色
（3）…73g、原色（1）…65g、水
蓝色（2）…10g 钩针 7/0 号

成品尺寸
长 127cm、宽 14cm

织片密度
短针的扭针编入花样 /10cm 见方
17 针 15.5 行

编织方法
本体锁 216 针起针，引拔成环状。

短针的扭针编入花样编织 17 行，
接着编织 1 行边缘针。

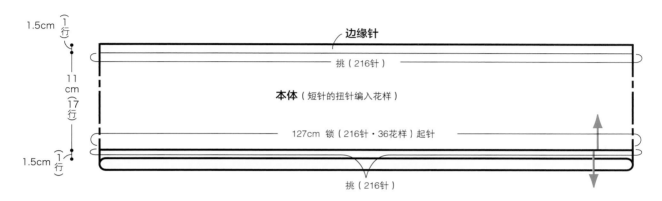

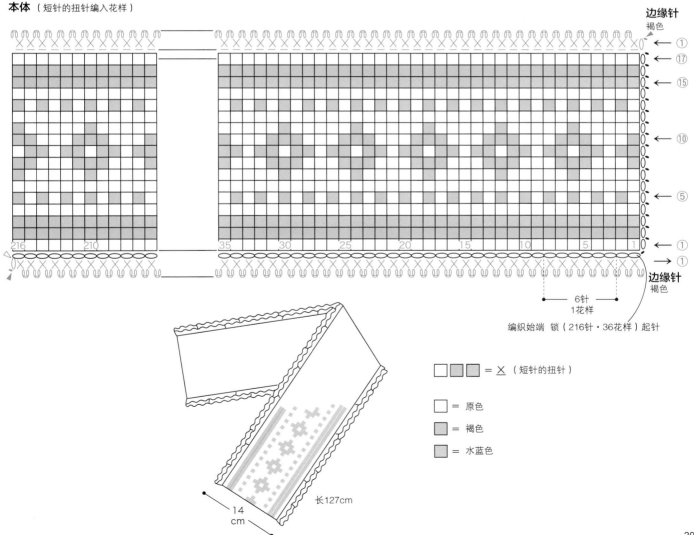

本体（短针的扭针编入花样）

□ ■ ▨ = ╳ （短针的扭针）

□ = 原色

▨ = 褐色

▨ = 水蓝色

北欧花样的小围巾 — photo → 第 10 页

使用的线和针
OLYMPUS make make cocotte/ 蓝色
（412）…60g Ever/ 原色（1）…
5g 钩针 7/0 号
成品尺寸
宽 11cm、长 74cm

织片密度
短针的扭针编入花样 /10cm 见方
17 针 14 行、花纹针 /10cm 见方
15.5 针 6.5 行
编织方法
从穿口编织。锁 41 针起针，引拔
成环状。

短针的扭针编入花样编织 17 行。
本体从穿口的指定位置挑针，花纹
针编织 40 行。

穿口

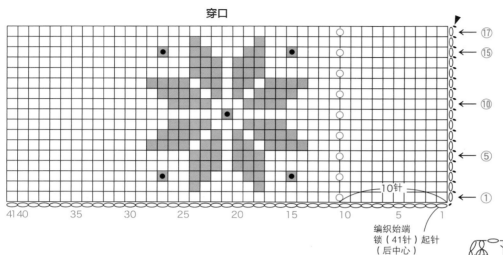

编织始端
锁（41 针）起针
（后中心）

10 针

□ ▨ = Ⅹ（短针扭针）

● = 锁 3 针立起，上一行针
圈侧编织长针 3 针的泡
泡针。
编织下一行时，挑起此针
头部编织。

□ = 蓝色

▨ = 原色

○ = 本体的挑针位置

穿口

短针的扭针编入花
样参照 49 页

〈穿口侧针圈的挑针方法〉
下图为短针的扭针的横向
状态。
如箭头所示，入针于编织完
成的短针的扭针的外侧半
针，从下个针圈的外侧半针
出针挑起针圈，编织本体的
第 1 行。

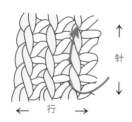

针

行

24cm
锁（41 针）
起针

12cm（17 行）

62cm（40 行）

本体
（花纹针）
蓝色

11cm（17 针）
从穿口的记号
挑起

🮲 =长针 5 针的变形
泡泡针

本体

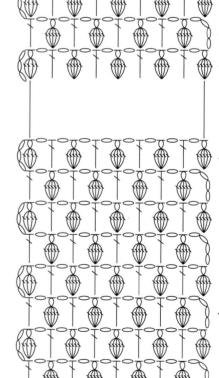

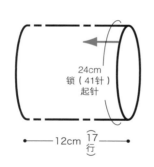

本体穿
入穿口

长 74cm
（含穿口）

11cm

30

北欧花样的帽子

photo → 第 11 页

使用的线和针

OLYMPUS make make cocotte/ 蓝色（412）
…80g Ever/ 原色（1）…2g 钩针 7/0 号

成品尺寸

头围 52.5cm、深 21cm

织片密度

花纹针 /10cm 见方 17.5 针 6.5 行

编织方法

锁 92 针起针，引拔针成环状。短针的扭针编
入花样编织 4 行。接着花纹针无加减编织至第
7 行，下一行开始分散减针编织至最后一行。
线头穿入最终行剩余的 11 针。制作绒球，订
缝接合于帽顶。

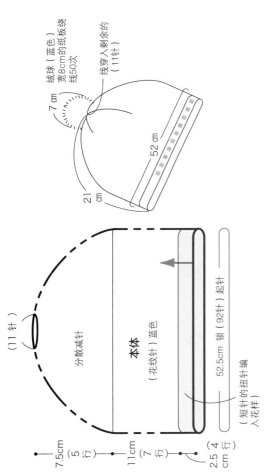

绒球（蓝色）
宽8cm的纸板绕线
绕线50次

线穿入剩余的
（11针）

7 cm

52 cm

21 cm

（11 针）

分散减针

本体
（花纹针）蓝色

52.5cm 锁（92针）起针

（短针的扭针编
入花样）

7.5cm（5 行） 11cm（7 行） 2.5 4 cm 行

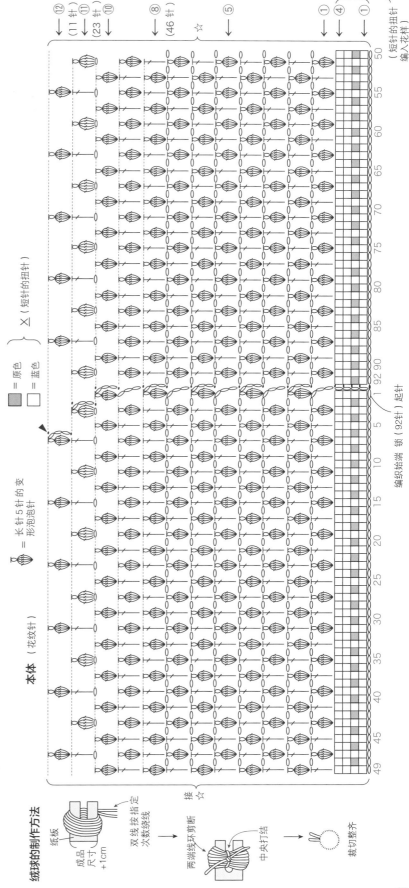

本体（花纹针）

X（短针的扭针）

= 原色
= 蓝色

= 长针 5 针的变
形泡泡针

（短针的扭针）

编织始端 锁（92针）起针

接 ☆

（短针的扭针
编入花样）

绒球的制作方法

纸板

成品
尺寸
+1cm

双线按指定
次数绕线

两端线圈剪断

中央打结

裁切整齐

两用的圆底包包 photo → 第 14 页

使用的线和针

HAMANAKA 驻娜 / 红色（37）
…255g、原色（1）…120g 钩针
7/0 号

其他材料

直径 25mm 纽扣…4 个

成品尺寸

入口宽 29cm、深 37cm

织片密度

短针的扭针编入花样 /10cm 见方
17 针 14.5 行、短针 /10cm 见方
16.5 针 15.5 行

编织方法

底部锁 24 针起针，短针编织 23 行。
侧面首先接线于底部的第 13 行，
从底部周围挑 98 针，短针编织 1 行。

接着，短针的扭针编入花样编织
52 行。第 50 行编织 3 针锁针，用
作扣眼。接着，编织 1 行边缘针。
拎手锁 100 针起针，按记号图编织
短针及引拔针。拎手缝接于本体内
侧，纽扣缝接于拎手。

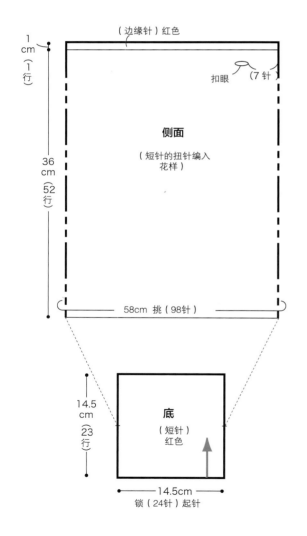

（边缘针）红色

扣眼 （7 针）

1 cm（1 行）

侧面
（短针的扭针编入
花样）

36 cm（52 行）

58cm 挑（98 针）

14.5 cm（23 行）

底
（短针）
红色

14.5cm
锁（24 针）起针

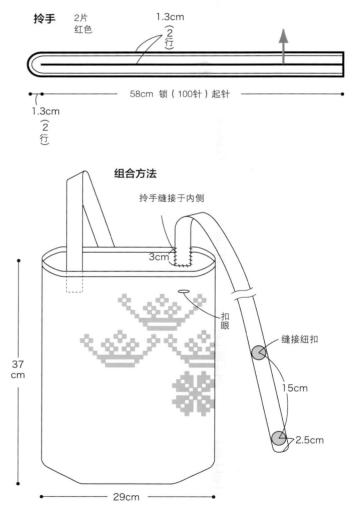

拎手 2 片
红色

1.3cm（2 行）

58cm 锁（100针）起针

1.3cm（2 行）

组合方法

拎手缝接于内侧

3cm

37 cm

29cm

扣眼

缝接纽扣

15cm

2.5cm

※接33页

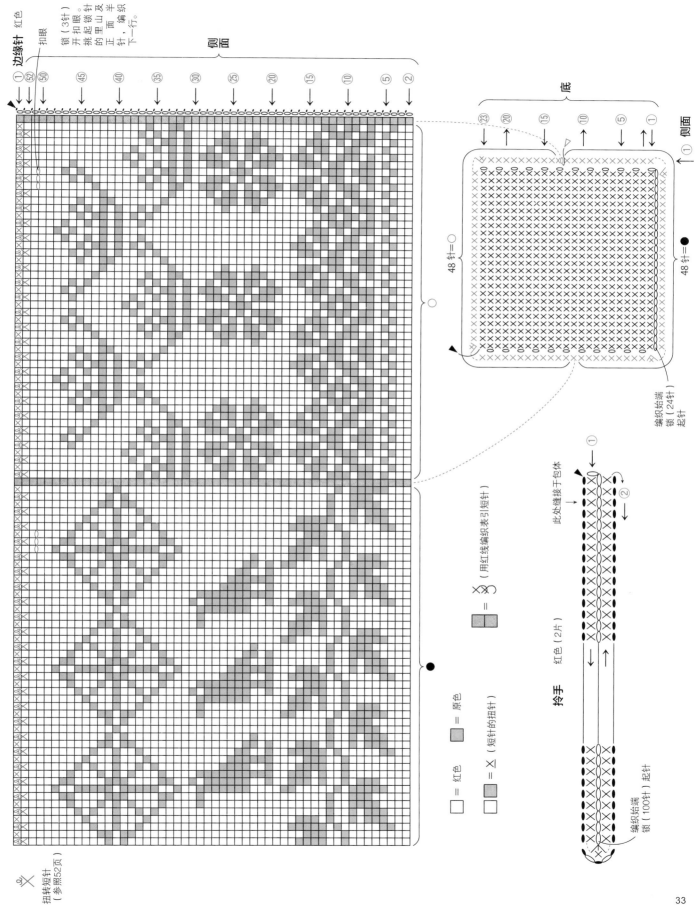

边缘针 红色

扣眼

锁 开扣眼。 挑起里面 的正面半 针，编织 下一行。

侧面

① 52 50 45 40 35 30 25 20 15 10 5 2

底

23 20 15 10 5 1

侧面 ①

48针=○

48针=●

编织始端 锁（24针） 起针

○ = 红色

□ = 原色

= ✕（短针的扭针）

= ✕（用红线编织表引短针）

扭转短针 （参照52页）

拎手 红色（2片）

此处缝接于包体

①

②

编织始端 锁（100针） 起针

树形图案扭花针的圆底包包 photo → 第 16 页

使用的线和针
OLYMPUS Ever/ 原色（1）…135g
钩针 6/0 号

成品尺寸
入口宽约 23.5cm、深 21cm

织片密度
花纹针 /10cm 见方 18 针 10 行

编织方法
底部环状起针，每行逐 6 针加针编织 14 行短针。接着，侧面花纹针无加减编织 19 行。接着，编织 3 行边缘针，且第 3 行的引拔针看着本体的内侧编织。拎手锁 70 针起针，短针编织 4 行，接编织末端在周围编织 1 行引拔针。拎手缝接于本体的内侧。

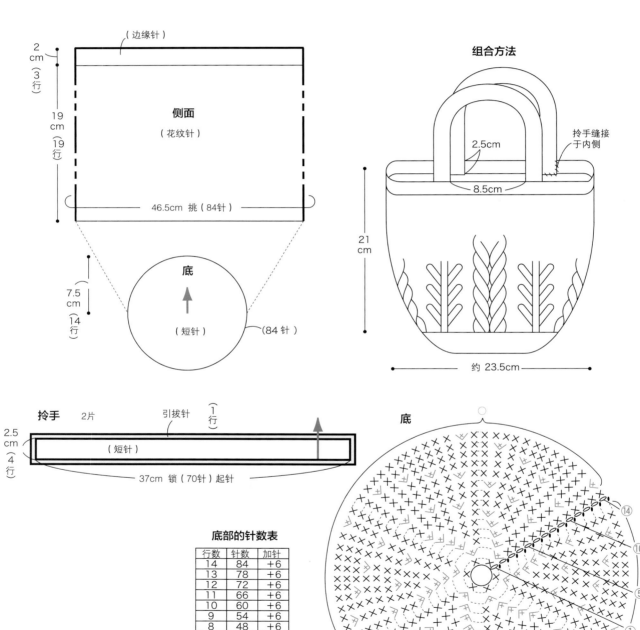

（边缘针）

2 cm（3 行）
19 cm（19 行）

侧面
（花纹针）

46.5cm 挑（84 针）

7.5 cm（14 行）

底
（短针）
（84 针）

组合方法

2.5cm
8.5cm
21 cm
拎手缝接于内侧
约 23.5cm

拎手 2 片
引拔针（1 行）
2.5 cm（4 行）
（短针）
37cm 锁（70 针）起针

底

底部的针数表

行数	针数	加针
14	84	+6
13	78	+6
12	72	+6
11	66	+6
10	60	+6
9	54	+6
8	48	+6
7	42	+6
6	36	+6
5	30	+6
4	24	+6
3	18	+6
2	12	+6
1	6	

⑭ ⑩ ⑤ ①

※接35页

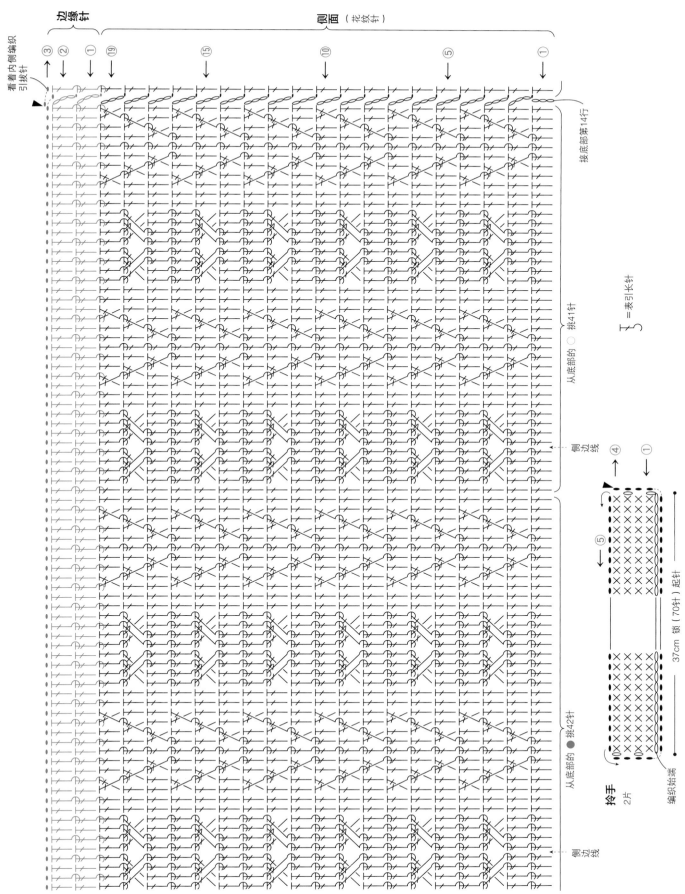

扭花针和锯齿图案的圆底包包　photo → 第 17 页

使用的线和针
OLYMPUS Ever TWEED/ 绿色（60）
…140g 钩针 6/0 号

成品尺寸
宽 29cm、深 19cm

织片密度
花纹针 /10cm 见方 18 针 9.5 行

编织方法
底部锁 36 针起针，两端加针编织 5 行短针。接着，侧面编织 17 行花纹针。接着，短针编织 2 行边缘针。拎手锁 60 针起针，短针编织 6 行。

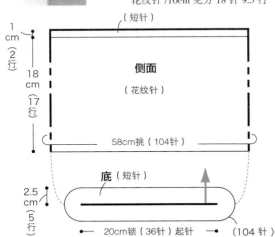

1 cm（2 行）
18 cm（17 行）

（短针）

侧面
（花纹针）

58cm挑（104 针）

底（短针）

2.5 cm（5 行）

20cm锁（36 针）起针　（104 针）

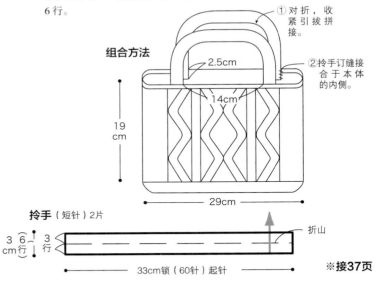

组合方法

① 对折，收紧引拔拼接。
2.5cm
14cm
② 拎手订缝接合于本体的内侧。

19 cm

29cm

拎手（短针）2 片

3 cm　6 行　3 行

33cm锁（60针）起针

折山

※接37页

达拉木马的圆底包包　photo → 第 18 页

使用的线和针
RICH MORE 斯帕特摩登 / 绿色（49）…100g、蓝色（22）…30g
钩针 7/0 号・8/0 号

成品尺寸
入口宽 29cm、深 19.5cm

织片密度
短针的扭针编入花样 /10cm 见方 21.5 针 17 行、短针 /10cm 见方 20 针 19.5 行

编织方法
底部锁 13 针起针，4 处加针编织 13 行短针。接着，侧面无加减编织 31 行短针的扭针编入花样，完成后休针。接着，接线于第 31 行的指定位置，编织接合拎手的锁 50 针起针。休针的侧面第 31 行开始短针编织 3 行边缘针。中途，从拎手的锁针起针开始挑针编织一周。接线于第 31 行的指定位置，拎手的内侧同样编织 3 行短针。

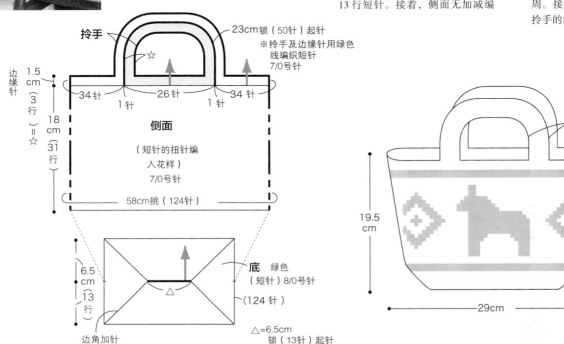

拎手

23cm锁（50针）起针
※拎手及边缘针用绿色线编织短针 7/0号针

边缘针 1.5 cm（3 行）=☆
☆

34 针　1 针　26 针　1 针　34 针

18 cm（31 行）

侧面
（短针的扭针编入花样）
7/0号针

58cm挑（124 针）

底　绿色
（短针）8/0号针
（124 针）

6.5 cm（13 行）

边角加针

△=6.5cm
锁（13针）起针

3cm

19.5 cm

29cm

※接38页

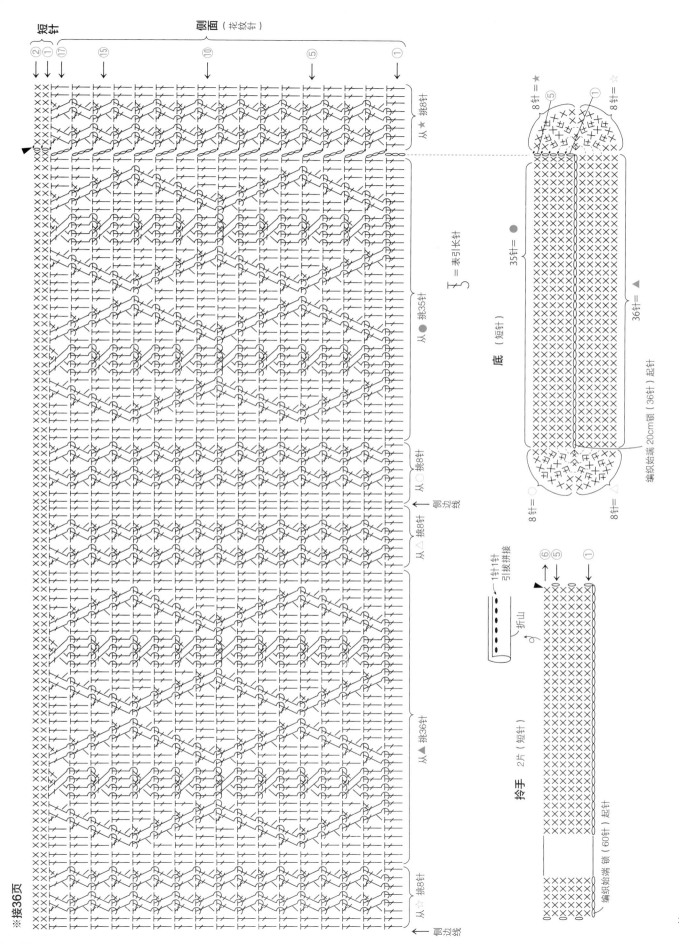

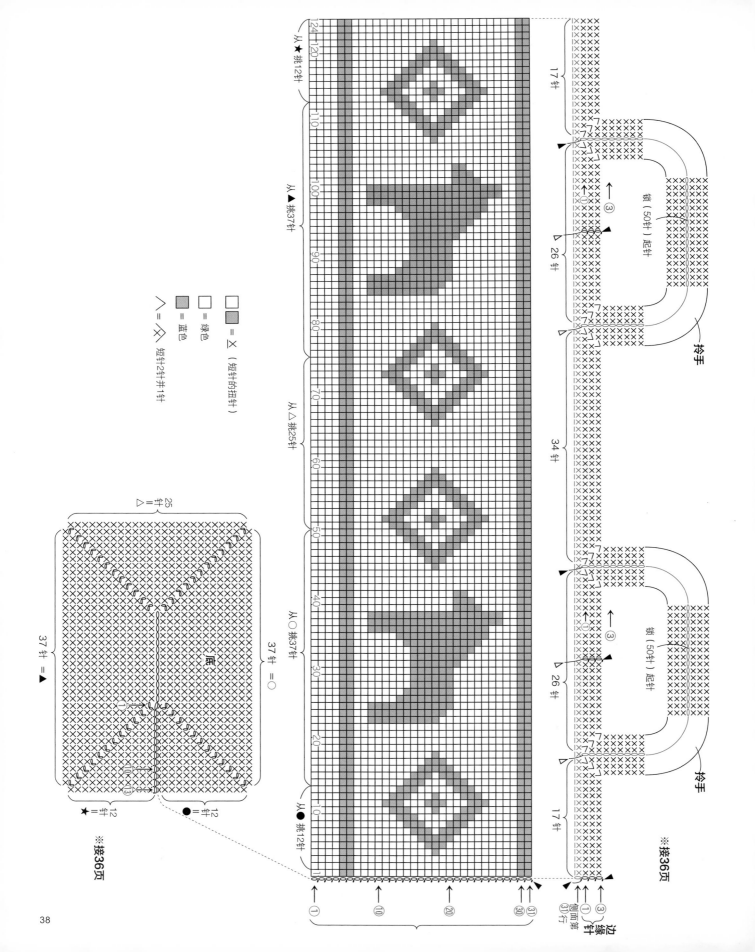

阿伦花样的围脖 photo → 第 8 页

使用的线和针
HAMANAKA 苏罗梦罗 奥帕卡羊毛
（L）/ 米色（62）…235g 露普 /
褐色和白色的混纺（2）…80g 钩
针 6/0 号·7mm

成品尺寸
周长 106cm、宽 34cm
织片密度
花纹针 /10cm 见方 19 针 13.5 行
编织方法
本体锁 48 针起针，花纹针编织
143 行。

卷针缭缝编织始端及编织末端，制
作成环状，编织 5 行短针。

组合方法

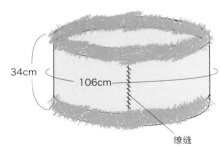

34cm　106cm

缭缝

（短针）露普　7mm 针

本体
苏罗梦罗 奥
帕卡羊毛
（L）
6/0号针
（花纹针）

106
cm
143
行
6
花样

挑（72针）　挑（72针）

（短针）露普　7mm 针

25cm
锁（48针）
起针

4.5cm　4.5cm
5行　5行

※卷针缝 ★和★。
制作成环状，两端各编
织5行短针。并且，看
着环状内侧编织。

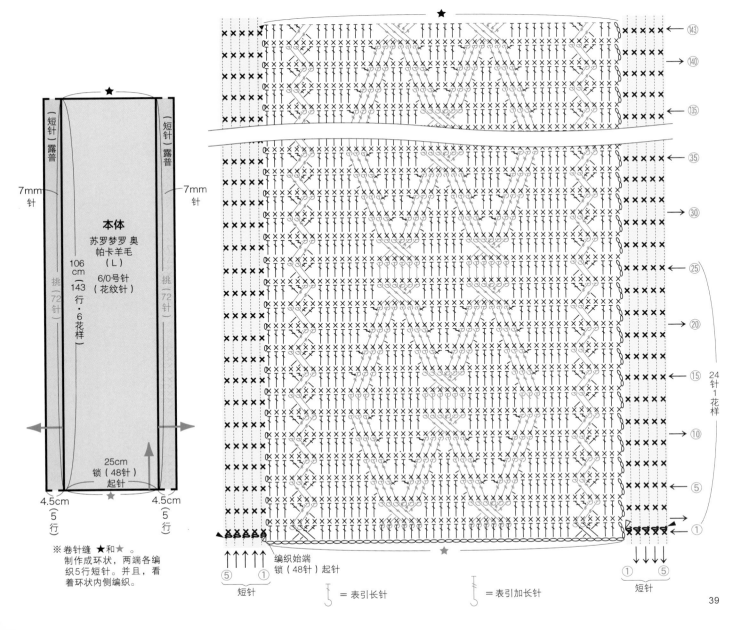

(143)
(140)
(135)
(35)
(30)
(25)
(20)
(15)　24针1花样
(10)
(5)
(1)

⑤①　编织始端
锁（48针）起针

短针　　⟨ = 表引长针　　⟨ = 表引加长针　　短针

①⑤

39

帽 子　photo → 第 20 页

使用的线和针

HAMANAKA 艺丝羊毛（L）/ 米色（302）···40g、深褐色（305）···40g、红色（335）···15g、白色（301）···10g 钩针 6/0 号

成品尺寸

头围 52cm、深 20cm

织片密度

短针的扭针编入花样 A、B/10cm
见方 21 针 20.5 行

编织方法

锁 110 针起针，引拔制作成环状。
短针的扭针编入花样 A 无加减编织至第 10 行，接着短针的扭针编入花样 B 无加减编织至第 19 行。
接着，分散减针编织至最终行。线头穿入最终行剩余的 11 针，收紧。
编织始端侧编织 2 行边缘针。

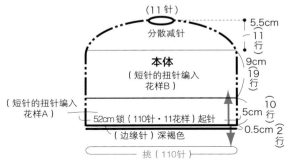

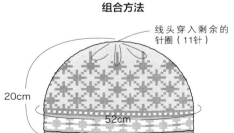

组合方法

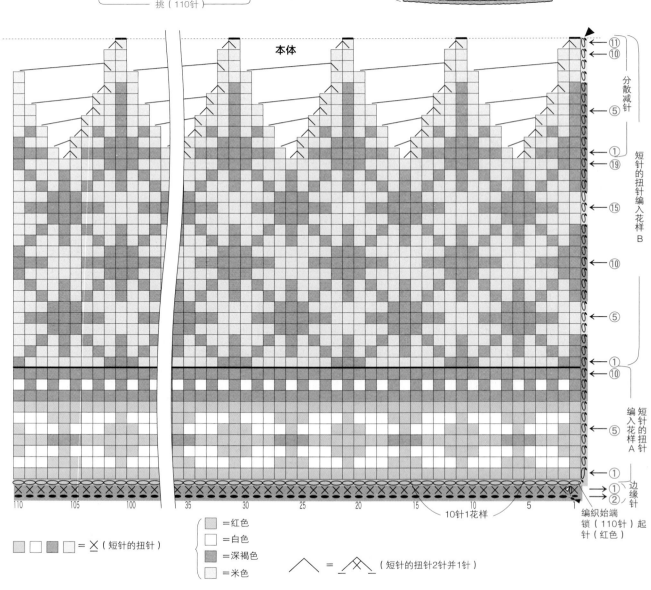

小围巾　photo → 第 20 页

使用的线和针

HAMANAKA 艺丝羊毛（L）/ 米色（302）…90g、深褐色（305）…80g、红色（335）…15g、白色（301）…10g 钩针 6/0 号

成品尺寸

宽 12cm、长 80cm

织片密度

短针的扭针编入花样 A、B/10cm 见方 21 针 20.5 行

编织方法

锁 50 针起针，引拔制作成环状。短针的扭针编入花样 A 编织 12 行，接着短针的扭针编入花样 B 编织

139 行，最后短针的扭针编入花样 A 编织 12 行。编织始端及编织末端分别反面向内状态卷针缭缝。

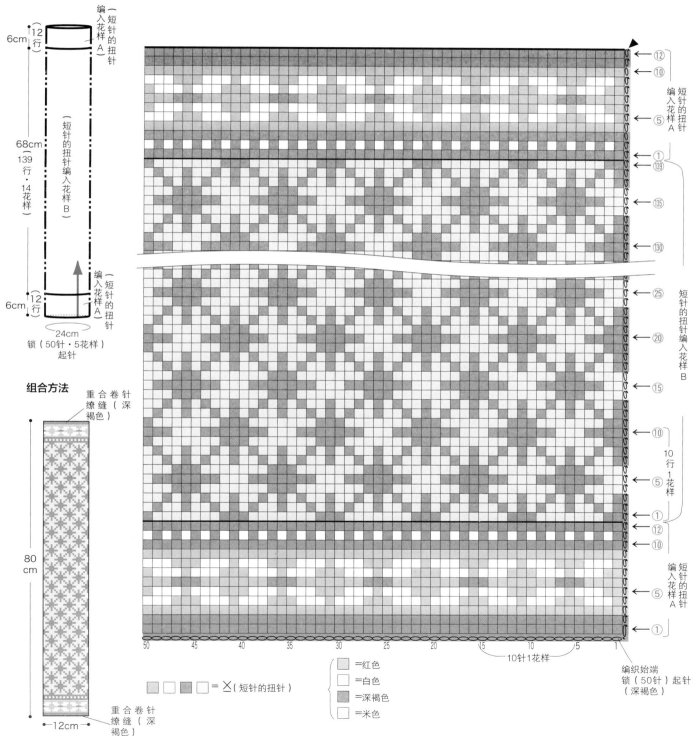

（12 行）6cm　编入花样 A 短针的扭针

68cm 139 行·14 花样　（短针的扭针编入花样 B）

（12 行）6cm　（短针的扭针编入花样 A）

24cm　锁（50 针·5 花样）起针

组合方法

重合卷针缭缝（深褐色）

80cm　12cm　重合卷针缭缝（深褐色）

（12）（10）编入花样 A 短针的扭针（5）（1）（139）（135）（130）（25）（20）短针的扭针编入花样 B（15）（10）（5）（1）10 行 1 花样（12）（10）编入花样 A 短针的扭针（5）（1）

50　45　40　35　30　25　20　15　10　5　1　10针1花样

编织始端锁（50 针）起针（深褐色）

□ □ □ □ = ╳（短针的扭针）

=红色
=白色
=深褐色
=米色

41

帽子 photo → 第 22 页

使用的线和针

HAMANAKA 苏罗梦罗 奥帕卡羊毛（L）/ 米色（62）…95g 钩针 7/0 号・6/0 号

成品尺寸

头围 56cm、深 20cm

织片密度

花纹针 /10cm 见方 20 针 13.5 行

编织方法

锁 112 针起针，引拔制作成环状。

花纹针无加减编织至第 15 行，接着分散减针编织至最终行。

线头穿入最终行剩余的 14 针的针圈，收紧。编织始端侧编织 3 行边缘针。

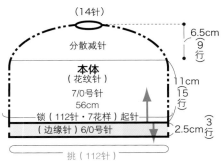

（14针）

6.5cm（9行）

分散减针

本体

（花纹针）

7/0号针

56cm

11cm（15行）

锁（112针・7花样）起针

（边缘针）6/0号针

2.5cm（3行）

挑（112针）

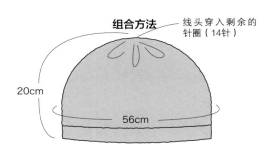

组合方法

线头穿入剩余的针圈（14针）

20cm

56cm

本体

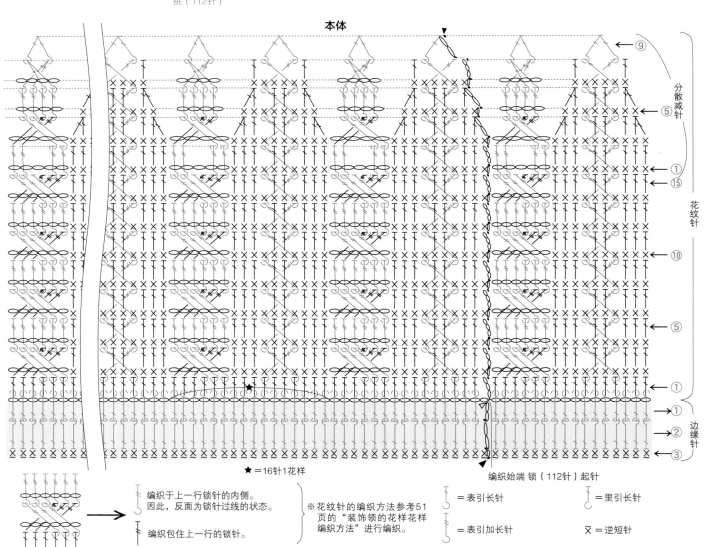

9

分散减针

5

①

15

花纹针

10

5

①

①

②
边缘针
③

★=16针1花样

编织始端 锁（112针）起针

编织于上一行锁针的内侧。因此，反面为锁针过线的状态。

编织包住上一行的锁针。

※花纹针的编织方法参考51页的"装饰领的花样花样编织方法"进行编织。

=表引长针
=里引长针
=表引加长针
=逆短针

装饰领 photo → 第 22 页

使用的线和针

HAMANAKA 苏罗梦罗 奥帕卡羊
毛（L）/ 米色（62）…85g 钩针
7/0 号

其他材料

直径 25mm 纽扣…1 个

成品尺寸

参照图示

编织方法

锁 134 针起针，花纹针分散加针编
织 13 行。边缘针接线于右前端，
从领窝侧挑针整周编织 1 行短针。
接着，仅领窝侧再编织 1 行短针，
最终行整周编织 1 行逆短针。
扣袢编织接合于右前端，纽扣底座
编织接合于右前端。包扣环状起针，

按记号图编织 4 行。线头穿入最终
行，放入纽扣收紧。最后，再将包
扣订缝接合于底座。

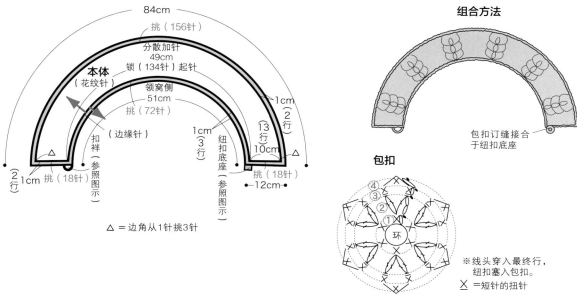

组合方法

包扣订缝接合
于纽扣底座

包扣

※线头穿入最终行，
纽扣塞入包扣。
×=短针的扭针

△ = 边角从1针挑3针

本体

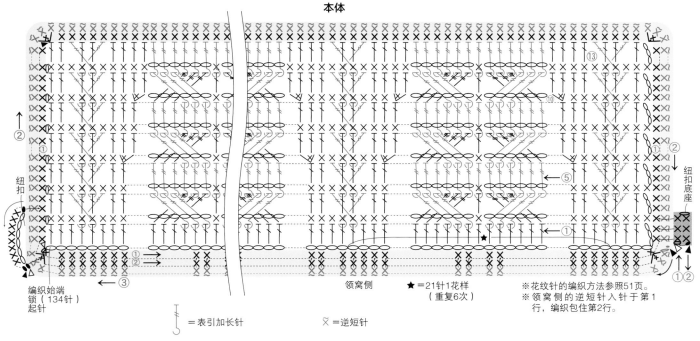

┴ =表引加长针   X̌ =逆短针

★=21针1花样
（重复6次）

※花纹针的编织方法参照51页。
※领窝侧的逆短针入针于第1
行，编织包住第2行。

花形花样的圆底包包 photo → 第 19 页

使用的线和针
OLYMPUS Nicotto/ 绿色（306）…
115g、浅米色（301）…45g 钩针
6/0 号

成品尺寸
入口宽 30cm、深 20.5cm

织片密度
短针的扭针花样 /10cm 见方 20 针
18 行

编织方法
底部起针成环状，分散加针编织
17 行短针。接着，侧面短针的扭
针编入花样编织 37 行，再短针的
扭针编织 7 行翻折部分。
拎手锁 55 针起针，短针编织 7 行。
反面向内折入，收紧引拨拼接。入
口的翻折部分折入内侧卷针缭缝，
拎手订缝接合于内侧。

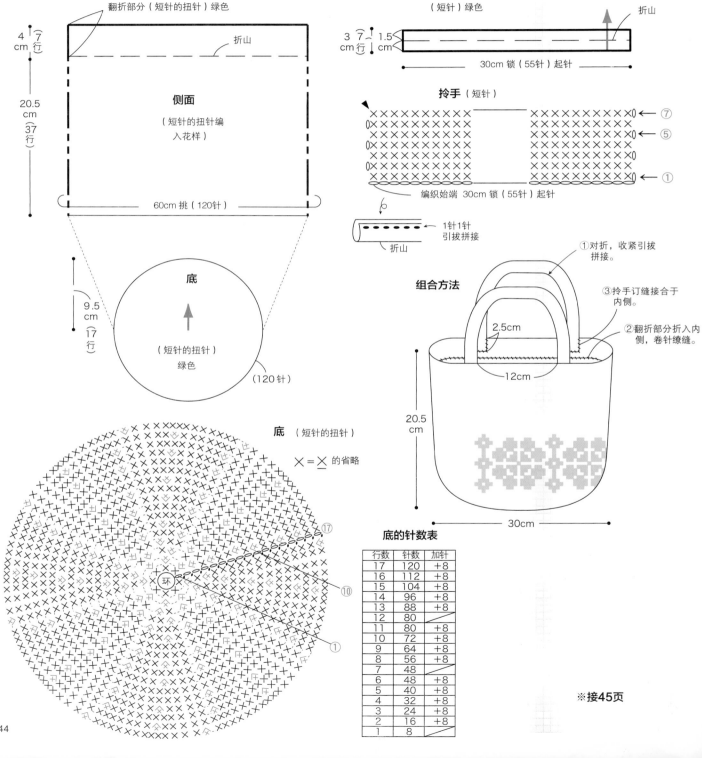

翻折部分（短针的扭针）绿色

折山

4 cm ↑⑦行

20.5 cm （37 行）

侧面
（短针的扭针编
入花样）

60cm 挑（120针）

9.5 cm （17 行）

底

（短针的扭针）
绿色

（120针）

底 （短针的扭针）

✕ = ✕ 的省略

环

⑰

⑩

①

拎手 2片
（短针）绿色

折山

3 cm ⑦行 1.5 cm

30cm 锁（55针）起针

拎手（短针）

⑦
⑤
①

编织始端 30cm 锁（55针）起针

1针1针
引拨拼接

折山

组合方法

①对折，收紧引拨
拼接。

③拎手订缝接合于
内侧。

②翻折部分折入内
侧，卷针缭缝。

2.5cm

12cm

20.5 cm

30cm

底的针数表

行数	针数	加针
17	120	+8
16	112	+8
15	104	+8
14	96	+8
13	88	+8
12	80	
11	80	+8
10	72	+8
9	64	+8
8	56	+8
7	48	
6	48	+8
5	40	+8
4	32	+8
3	24	+8
2	16	+8
1	8	

※接45页

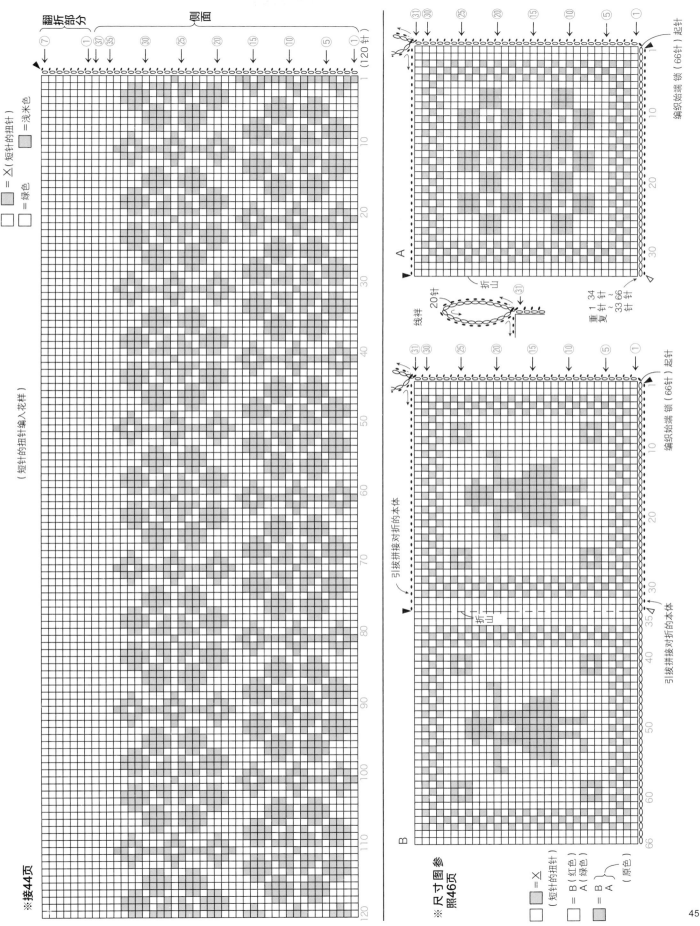

心形花样的瓶套 photo → 第55页

使用的线和针
OLYMPUS Premio/
A 褐色（20）…13g、原色（1）…5g
B 蓝色（19）…13g、原色（1）…
5g 钩针5号

成品尺寸
入口直径8.6cm、深6.5cm
织片密度
短针的扭针编入花样/10cm见方
23.5针 23行

编织方法
底部起针成环状，按记号图编织5
行。接着，侧面编织15行短针的
扭针编入花样。

侧面

□ ■ = ✕（短针的扭针）

□ = A（褐色）B（蓝色）

■ = 原色

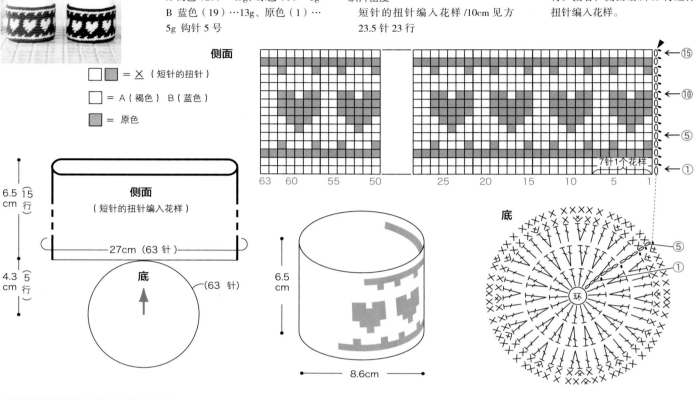

⑮
⑩
⑤
①
7针1个花样

63 60 55 50 25 20 15 10 5 1

6.5 cm ⑮ 行
4.3 cm ⑤ 行

侧面
（短针的扭针编入花样）
27cm（63针）

底
（63针）

底
6.5 cm
8.6cm

底
环
⑤
①

十字（A）和女孩（B）花样的隔热套 photo → 第57页

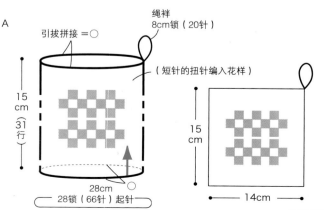

使用的线和针
OLYMPUS Premio/
A 绿色（12）…20g、原色（1）
…12g
B 红色（15）…21g、原色（1）
…10g
钩针5号
成品尺寸
宽14cm、长15cm

织片密度
短针的扭针编入花样/A、B相同
10cm见方 23.5针 20.5行
编织方法
A、B均锁66针起针，引拔成环状。
短针的扭针编入花样编织31行，
接着锁20针编出制作绳袢。
接着，重合折入本体，挑起最终行

头部针圈的内侧半针，引拔拼接。
编织始端侧同样挑起起针的锁剩
余针圈，引拔拼接。

A
引拔拼接＝○
绳袢
8cm锁（20针）
（短针的扭针编入花样）

15 cm ⑶1 行

28cm
28锁（66针）起针

15 cm
14cm

B
引拔拼接＝○
绳袢
8cm锁（20针）
（短针的扭针编入花样）

15 cm ⑶1 行

28cm
锁（66针）起针

15 cm
14cm

46 ※记号图参照45页

钻石和贝壳花样的茶壶套　photo → 第 56 页

使用的线和针
OLYMPUS Premio/ 红色（15）…
40g、原色（1）…18g 钩针 5/0 号

成品尺寸
下摆的宽 23cm、深 21cm

织片密度
短针的扭针编入花样 /10cm 见方
21 针 23 行

编织方法
锁 98 针起针，引拔成环状。短针
的扭针编入花样无加减编织至第
25 行，接着短针的扭针条纹花样

减针编织至最终行。
最终行的 14 针各 7 针引拔拼接。
线球起针成环状，短针按照记号图
编织 6 行。塞入剩余的线，线头穿
入最终行的 6 针，订缝接合于本体
的顶部。

本体

3.5cm（7 针） 引拔拼接
3.5cm（7 针）
（短针的扭针编入花样）
9.5cm 22 行
11cm 25 行
21 行
（短针的扭针编入花样）
边缘针 0.5cm（1 行）
（边缘针）
挑98针
46cm 锁（98针）起针

线球 原色
※ 塞入剩余的线，线头穿入最终行。

针数表

行数	针数	加减针
6	6	−6
5	12	−6
4	18	
3	18	+6
2	12	+6
1	6	

2cm
订缝接合线球
21cm
23cm

⋉ = 逆短针
人 = 短针的扭针 2针并1针
= 短针的扭针
= 短针

= 红色
= 原色

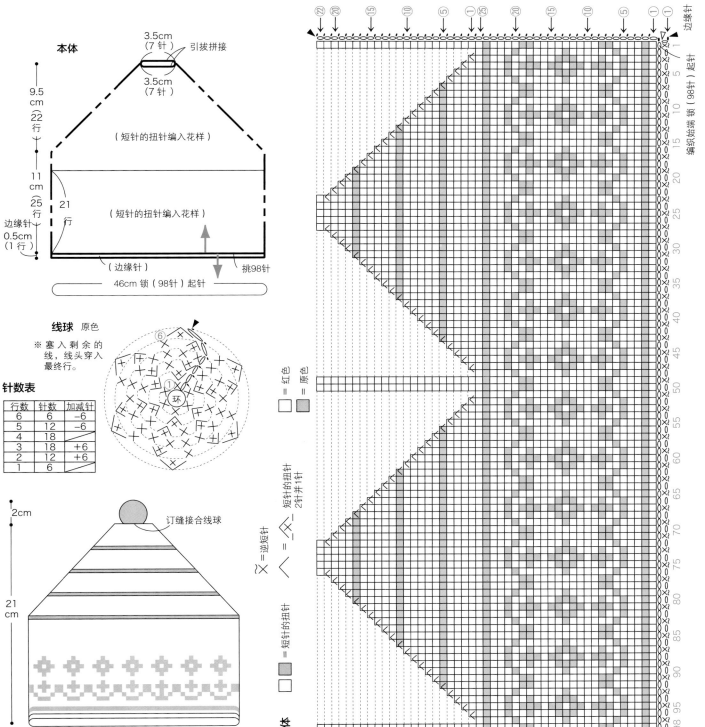

本体

北欧的圣诞装饰（圣诞树）photo → 第 58 页

使用的线和针

DARUMA 小卷 Café 爱抚（色）/
原色（1）…38g 钩针 5/0 号

成品尺寸

宽 19cm、长 25cm（绳袢除外）

编织方法

花样起针成环状，分散加针编织
21行花纹针A，编织25行花纹针B。
绳袢编织接合于 A，B 同样编织 2
片。参照组合方法，重合 3 片订缝
接合。

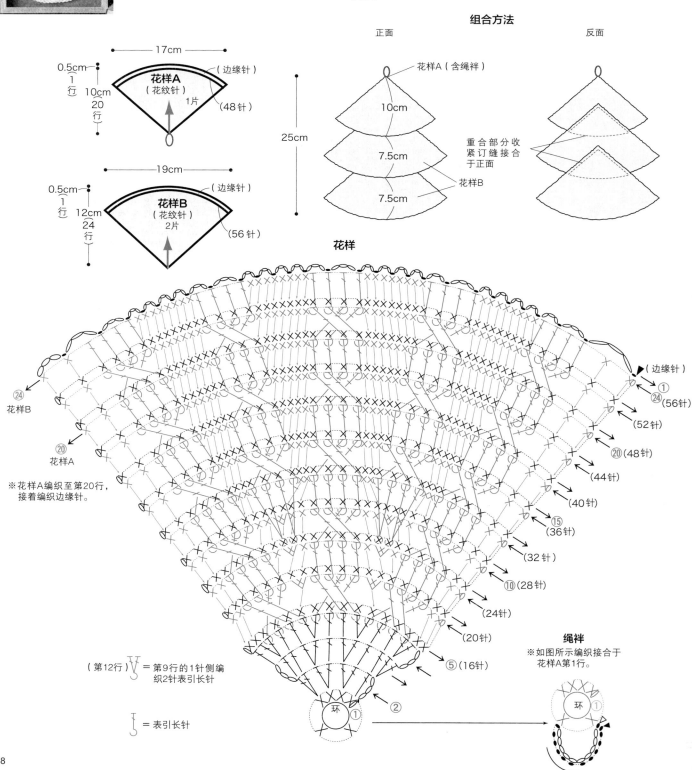

组合方法

花样A
（花纹针）
1片
17cm
0.5cm / 1 行
10cm / 20 行
（边缘针）
（48针）

花样B
（花纹针）
2片
19cm
0.5cm / 1 行
12cm / 24 行
（边缘针）
（56针）

正面
花样A（含绳袢）
10cm
7.5cm
7.5cm
25cm
花样B

反面
重合部分收
紧订缝接合
于正面

花样

㉔ 花样B

⑳ 花样A

※花样A编织至第20行，
接着编织边缘针。

（边缘针）
㉔（56针）
（52针）
⑳（48针）
（44针）
（40针）
⑮（36针）
（32针）
⑩（28针）
（24针）
（20针）
⑤（16针）
②

①

环

（第12行）V = 第9行的1针侧编
织2针表引长针

{ = 表引长针

绳袢
※如图所示编织接合于
花样A第1行。

环 ①

point lesson
编织方法的重点教程

本篇以作品为例，对照图示清楚解说编织方法。
编织过程中如有疑惑，可参照此页，会有所帮助。
※ 为方便学习，图中使用与作品粗细及颜色不同的线。

精美编织编入花样的关键！
"短针的扭针"编织

本书中，编入花样均用"短针的扭针"进行编织。如果只是单纯编织"短针"，针圈在特性上为倾斜，加"扭针"则不会倾斜，1针1针清楚可见，呈现美观的编入花样。并且，仅看着正面编织，替换配色线时也能按照更简单的技法进行编织。

※ 北欧花样小围巾的星星图案的编织方法

作品图片 → 第10页　编织方法 → 第30页

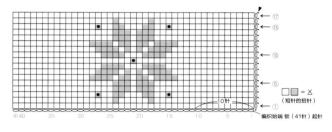

编入花样的配色线的替换方法

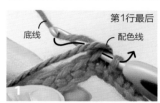

第1行最后

底线　配色线

第2行中途替换成蓝色（配色线）编织，从第2行的第1针一起编织包住蓝色线。首先，第1行最后的引拔针时，蓝色线挂于针引拔。

第2行

引拔之后，蓝色线不动，用红色线（底线）编织1针立起的锁针。图中为编织完成1针立起的锁针。

挑起上一行第1针外侧半针，接着蓝色线也一并挑起挂于针尖，编织短针的扭针。

短针的扭针编织完成1针。蓝色线同织片保持平行，蓝色线一并挑起编织包住，并编织短针的扭针。

用红色线编织至替换成蓝色线位置内侧的第17针，完成第17针的短针的扭针时，替换成编织包住的蓝色线引拔。

引拔，第17针短针的扭针完成。下个针圈用蓝色线编织1针，红色线同样一并挑起编织。

短针的扭针完成时，替换成红色线引拔。

引拔，第18针短针的扭针完成。

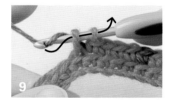

接着用红色线编织5针，第5针短针的扭针完成时，替换成蓝色线引拔。

引拔完成。

同样，完成换线的1针内侧的针圈之时，换线引拔。

引拔第2行最后时，编织包住的蓝色线同样一并挑起引拔。

引拔完成。编织编入花样的行，总是用整周编织包住配色线进行编织。

星星图案完成。针圈清晰，花样美观。

※ 阿伦花纹短上衣的花纹针的编织方法

作品图片 → 第2页　编织方法 → 第25页

※通过后衣片进行解说。
※为了方便学习，偶数行的的短针替换成其他颜色进行编织。

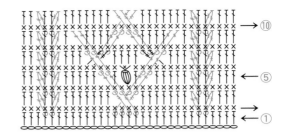

表引加长针2针的泡泡针

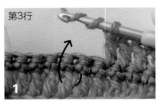

1 挂线于针2次，如箭头所示挑起跳过1针的上上一行长针的底部。

2 引出长线，挂线于针，如箭头所示引拔2线袢。

3 再次挂线于针，如箭头所示引拔2线袢。

4 引拔完成的状态为"未完成的表引加长针"（★的针圈）。挂线于针2次，同步骤1一样挑针，再次编织未完成的表引加长针。

5 未完成的表引加长针完成2针之后，挂线于针，3线袢一并引拔。

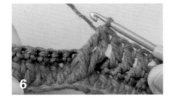

6 表引加长针2针的泡泡针完成。

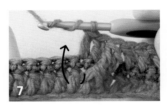

7 接着，按记号图在上一行编织2针长针。如箭头所示，挑起1针内侧上上一行长针的底部，再次编织表引加长针2针的泡泡针。

8 表引加长针2针的泡泡针完成。第2个表引加长针2针的泡泡针呈现为V字形。

表引加长针右上2针交叉

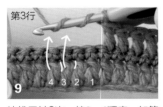

9 挂线于针2次，按3～4顺序，如箭头所示挑起上上一行的长针，编织2针表引加长针。

10 引出长线，挂线于针，如箭头所示引拔2线袢。再重复2次此动作。

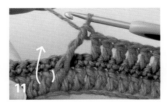

11 表引加长针完成1针。接着，再编织1针。

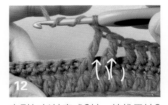

12 表引加长针完成2针。挂线于针2次，按1～2顺序，如箭头所示从内侧挑起上上一行长针的底部，编织表引加长针。

表引加长针2针和加长针2针的左上交叉

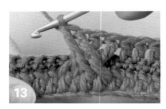

13 表引加长针右上2针交叉完成。

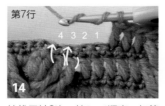

14 挂线于针2次，按3～4顺序，如箭头所示挑起上一行表引加长针的底部，编织2针表引加长针。

15 编织完成2针。挂线于针2次，按1～2顺序，如箭头所示从后侧入针于上一行短针的头部，编织2针加长针。

16 表引加长针2针和加长针2针的左上交叉完成。

表引加长针2针和加长针2针的右上交叉

17 接着，如记号图所示编织4针长针，按**3~4**顺序入针于上一行短针的头部，编织2针加长针。图中为2针编织完成状态。挂线于针2次，按**1~2**顺序，如箭头所示从内侧挑起上上一行的表引加长针的底部，编织2针表引加长针。

18 表引加长针2针和加长针2针的右上交叉完成。

19 编织完成至第11行。引上针的针圈浮出，花样连起。

※ 装饰领的花纹针的编织方法

作品图片 → 第22页 编织方法 → 第43页

※为了方便学习，偶数行的的短针替换成其他颜色进行编织。

表引加长针右上1针交叉（中心长针2针）

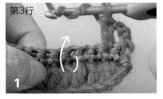

1 挂线于针2次，跳过2针，如箭头所示挑起上上一行长针的底部，编织1针表引加长针（参照第50页）。

2 编织完成1针。接着，从后侧入针于上一行短针的头部，编织2针长针。

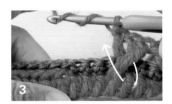

3 挂线于针2次，如箭头所示从内侧挑起上上一行长针的底部，编织1针表引加长针。

4 表引加长针右上1针交叉（中心长针2针）完成。

表引加长针3针和加长针3针的左上交叉

5 挂线于针2次，按**4~5~6**顺序，如箭头所示挑起上上一行长针的底部，编织3针表引加长针。

6 挂线于针2次，按**1~2~3**顺序，从后侧入针于上一行长针的头部，编织包住上一行的锁针，编织3针加长针。

7 编织完成1针，接着编织2针。

8 表引加长针3针和加长针3针的左上交叉完成。

表引加长针3针和加长针3针的右上交叉

9 接着，上一行侧编织1针长针，挂线于针2次，按**4~5~6**顺序入针于上上一行长针的头部，编织包住上一行的锁针，编织3针加长针。

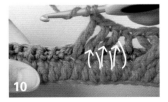

10 编织完成3针。挂线于针2次，按**1~2~3**顺序，如箭头所示从内侧挑起上上一行长针的底部，编织3针表引加长针。

11 表引加长针3针和加长针3针的右上交叉完成。

12 挑起上一行的底部（步骤**11**图中针圈），编织第5行的表引加长针。

※接52页→

※接51页

反面

13

第7行

14

上一行的底部编织表引上针，反面为上一行的锁针过线状态。

编织完成至第7行。引上针浮出，花样连起。

❋ 两用的圆底包包的边缘针的编织方法

作品图片 → 第14页　**编织方法** → 第32页

扭转短针 ⚹

1

2

立起的锁1针、表引短针1针、短针1针编织完成之后，如箭头所示入针于上一行，挂线引出。

引出之后，如箭头所示向右转动针尖。

3

4

5

6

向右转动1周。

转动之后，挂线于针引拔。

扭转短针编织完成。

同样，逐针交替编织短针及扭转短针。

❋ 两用的圆底包包的边缘针的编织方法

作品图片 → 第62页　**编织方法** → 第74页

大拇指位置的编织方法

大拇指的编织方法

第19行

7针

7针

1

2

3

4

第18行的大拇指开孔部分编织7针锁针，制作开孔。第19行挑起锁针的里山，编织7针短针。

编织完成7针短针。挑起锁针的里山，锁针第7针为扭转状态。以此挑起里山，编织短针。

入针于大拇指开孔的第1针，接线编织大拇指。

编织1针立起的锁针，开孔的下侧编织7针短针的扭针。

5

6

7

8

接着，开孔的左侧（第18行的端部针圈）编织1针。分开端部针圈，入针编织短针。

翻转织片，大拇指位置的上侧同样编织7针短针。如箭头所示挑起第18行锁针外侧的半针，开始编织。

同步骤**5**，开孔的右侧（第18行的端部针圈）编织1针短针，引拔至第1针成环状。从大拇指位置挑针，大拇指的第1行编织完成。

接续编织大拇指。

《从领口开始的钩针编织》

定价：32.80

· 日本编织大师的超人气原创设计
· 不断加印的热销好书原版引进
· 19款优雅作品编织过程全图解，新手也能一学就会！

Nordic Motif ＊ Kitchen Items

长者加寿子的
精美北欧花样厨房杂品

使用 OLYMPUS 手编线

彩色乐趣空间

每天料理美食的厨房空间,是不是想要各种各样喜欢的小物件围绕着自己?

本篇中,介绍了编入北欧花样实用、美观的厨房小物。使用红色及绿色等鲜艳色彩,让料理时间变得更加美好。

长者加寿子
Kazuko Choja

学习完成雄鸡手工编织课程,取得讲师资格。
之后,每隔 1～2 年在画廊或商场举办作品
展。重视色彩运用及营造安逸氛围,主要制
作出版社委托的作品及客户订购的作品。租
借一间工作室,经营轻松愉悦的编织物教室。

A

B

Heart Motif

心形花样的瓶套

茶叶或咖啡,厨房里总是摆放着各种瓶子。
如果用颜色区分,一定很方便!

编织方法 → 第 46 页
使用线 → Premio

Diamond & Scallop Motif

钻石和贝壳花样的茶壶套

三角顶点缝接小绒球，就像圣诞老人的帽子。
短针的扭针紧密编织，保温效果良好。

编织方法 → 第 47 页
使用线 → Premio

Cross & Girl Motif

十字和小女孩花样的隔热套

将编入花样收纳于方框之中，就像装饰画般精美。
实用的隔热套，可以多制作几件。

编织方法 → 第 46 页
使用线 → Premio

Merry Christmas !

松本薫的
北欧圣诞装饰

松本薫
Kaoru Matsumoto

编织物、手工物设计师。毕业于女子美术大学产业设计科，服装学院手编指导师培训班。担任过舞台美术指导工作，后成为独立设计师，并在杂志发表各种精美的钩针作品。著书多部。

知道圣诞老人住在哪里吗？
据说，大雪纷飞的芬兰拉普兰就是圣诞老人的家。
从遥远国度流传的圣诞之夜，用手工制作的精美圣诞装饰迎接
这快乐的氛围。

*花样从上至下为：冬青、袜子A、袜子B、达拉木马。
*圣诞树同样用阿伦花样的扭花针编织。

编织方法 → 第48、59页
使用线 → DARUMA 小卷 Café Demi（色）·（含金银线）、小卷 Café 爱抚（色）

北 欧 的 圣 诞 装 饰 photo → 第 58 页

使用的线和针、其他材料

· 冬青→DARUMA 小卷 Café Demi（色）
红色（8）、绿色（14）…各1g

· 袜子 A → DARUMA 小卷 Café Demi（色）
红色（8）…2g、松石绿（19）…少量、
小卷 Café Demi（含金银线）/原色（101）
…少量

· 袜子 B → DARUMA 小卷 Café Demi（色）
松石绿（19）…2g、粉色（4）…少量、
小卷 Café Demi（含金银线）/原色（101）
…少量

· 达拉木马→DARUMA 小卷 Café Demi
（色）芥末黄（6）…3g、宽9mm的
蒂罗尔绣带…约25cm、夹心棉…少量
※ 针均用钩针 3/0 号

成品尺寸
参照图示

编织方法

· 冬青→叶锁4针起针，按记号图编织5行。
果实起针成环状，按记号图编织3行，线头
穿入最终行，塞入同线打结。参照组合方法，
组合叶和果实。

· 袜子→从脚尖开始编织。起针成环状，筒
状编织至第8行。接着，往返编织
脚跟部分的第9~11行。第12行之后编织成
筒状，中途配色编织至最终行。最后，编织
锁针的绳袢。

· 达拉木马→从头部开始编织。锁5针起针，
按记号图依次编织头部、身体、后腿及前腿，
边缘整周编织1行。以此制作2片，重合卷针
缭缝边缘，中途塞入夹心棉。参照组合方法，
对齐各部分裁剪蒂罗尔绣带，并缝接。

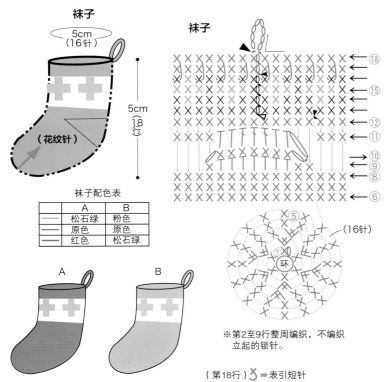

袜子

5cm
（16针）

5cm
18行

（花纹针）

袜子

←⑱
←⑮
←⑫
⑪
→⑩
→⑨
→⑧
←⑥

（16针）

环

袜子配色表

	A	B
	松石绿	粉色
	原色	原色
	红色	松石绿

A B

※第2至9行整周编织，不编织
立起的锁针。

（第18行）\ =表引短针

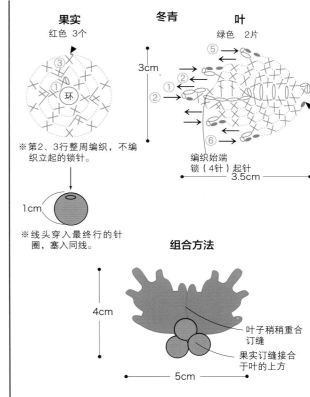

果实
红色 3个

③
①
环

※第2、3行整周编织，不编
织立起的锁针。

1cm

※线头穿入最终行的针
圈，塞入同线。

冬青

叶
绿色 2片

3cm

⑤
①
②
⑥

编织始端
锁（4针）起针

3.5cm

组合方法

4cm

5cm

叶子稍稍重合
订缝

果实订缝接合
于叶的上方

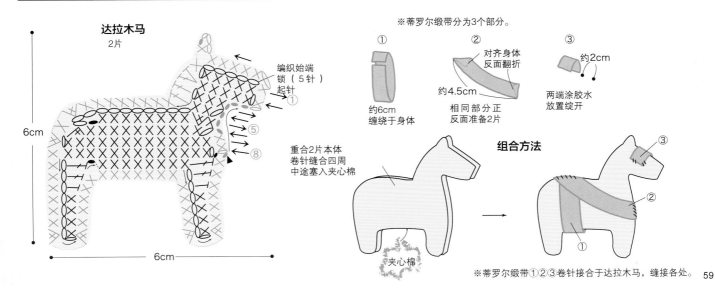

达拉木马
2片

6cm

6cm

编织始端
锁（5针）
起针

①
⑤
⑧

重合2片本体
卷针缝合四周
中途塞入夹心棉

夹心棉

※蒂罗尔缎带分为3个部分。

①
约6cm
缠绕于身体

②
对齐身体
反面翻折
约4.5cm
相同部分正
反面准备2片

③
约2cm
两端涂胶水
放置绽开

组合方法

③
②
①

※蒂罗尔缎带①②③卷针接合于达拉木马，缝接各处。

Star Motif

河合真弓的星形图案温暖小物

帽子、护腕、护腿

挪威的传统星星

传统的挪威星星编织图案，是最具人气的编织花样之一。
冬季防寒必备物品上编入精美的星星图案，寒冷的季节也能收获满满的温暖。

（水蓝色 × 原色）

浅色搭配的柔和印象。

（红色 × 原色）

鲜艳的红色衬托出星星图案。

（蓝色 × 红色 × 原色）

蓝色织片排列着原色的小星星。

河合真弓

Mayumi Kawai

毕业于服装编织物导师培训学校。最早担任
TOBINAIEIKO 经营的"工房 TOBINAI"的助教，之
后独立制作设计。除了在手工杂志发表自己的作品，
还向编织线厂家提供设计。著书多部，有些已经有中
文简体版本。

Cap
帽子

具有冲击感的大星星图案和锯齿花样间隔编入。
纯净的水蓝色不仅适合女孩，也适合帅气的男孩。

编织方法 → 第 73 页
使用线 → OLYMPUS Tree House Leaves

Hand Warmers

护臂

钻石图案包围着星星，展现出华丽质感。
手心侧用简单的圆点图案装饰。
金线浮现于织片的正面，色彩靓丽。

编织方法 → 第 74 页
使用线 → CLOVER Champagne

Leg Warmers
护腿

常用的蓝色和原色的搭配，再加入红色作为装饰色。
巧妙搭配旧短袜，冬季的时尚保暖品。

编织方法 → 第 75 页
使用线 → HAMANAKA 艺丝羊毛（L）

Wrist Warmers & Pouch

沟端弘美的

颜色创意！
费尔岛花样 & 北欧花样的
护腕和荷包

色彩绚丽的费尔岛花样（A、B、E、F）和色调清雅的北欧花样（C、D）
的护臂（上图）及荷包（下图）。
荷包只需延长编织护臂，并订缝底边即可。
并且，相同花样改变颜色也能表现出别样风格。
享受色调搭配的乐趣，完成自己的原创作品。

编织方法 → 第 66 页
使用线 → DARUMA 小卷 Café Demi（色）

护臂

多用暗色调的冬季风格，搭配差色的护臂。
适合八分袖的外套等。

荷包

解开纽扣，隐藏在内的花样展现眼前！
可以收纳钥匙等小物件，或者用作相机护套等。

沟端弘美
Hiromi Mizohata

毕业于武藏野美术大学短期学院油画系，从事绘图设计工作。2001 年师从黑 YUKIKO，开始学习编织。目前，在销售手工艺品的网店"针与线"负责刺绣设计及经营工作。

A

C

E

B

D

F

护臂和荷包 photo → 第 65 页

使用的线
※ 线均用 DARUMA 小卷 Café Demi（色）
・A →蓝色（20）…5g、绿色（28）…5g、白色（29）…3g、深蓝色（27）…3g、浅米色（10）…2g、蓝紫色（24）…2g、深褐色（25）…2g
・B →酒红色（26）…5g、橘红色（7）…5g、白色（29）…5g、深绿色（16）…3g、芥末黄（6）…3g、深褐色（25）…2g、深蓝色（27）…2g、浅褐色（11）…3g、抹茶色（15）…1g
・C →橘红色（7）…8g、原色（9）…8g、深绿色（16）…5g

・D →原色（9）…8g、红色（8）…10g、蓝紫色（24）…9g
・E →浅米色（10）…6g、深蓝色（27）…4g、酒红色（26）…4g、白色（29）4g、深粉色（23）…4g、蓝色（20）…4g、绿色（28）…1g、深褐色（25）…1g
・F →黄色（5）…7g、深绿色（16）…5g、蓝紫色（24）…5g、白色（29）…5g、松石绿（19）…5g、绿色（14）…4g、芥末黄（6）…1g、深蓝色（27）…1g

针
・AB →钩针5/0号
・CDEF →钩针3/0号

其他材料
BDF →直径约2cm纽扣…1个

成品尺寸
参照图示

编织方法
分别锁针起针，引拔制成环状。短针的扭针编入花样编织至指定的行数。BDF的荷包在最终行的指定位置编织缝接扣袢，纽扣缝接于侧面。卷针缭缝编织始端侧。

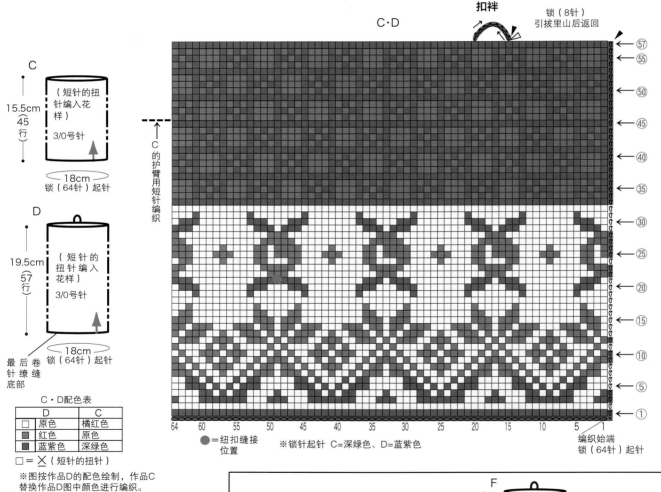

C
15.5cm（45行）
3/0号针
（短针的扭针编入花样）
18cm
锁（64针）起针

D
19.5cm（57行）
3/0号针
（短针的扭针编入花样）
18cm
锁（64针）起针
最后卷针缭缝底部

C·D配色表

	D	C
□	原色	橘红色
■	红色	原色
■	蓝紫色	深绿色

□ = ╳（短针的扭针）

※图按作品D的配色绘制，作品C替换作品D图中颜色进行编织。

C·D
扣袢
锁（8针）引拔里山后返回

C 的护臂用短针编织

●=纽扣缝接位置
※锁针起针 C=深绿色、D=蓝紫色
编织始端 锁（64针）起针

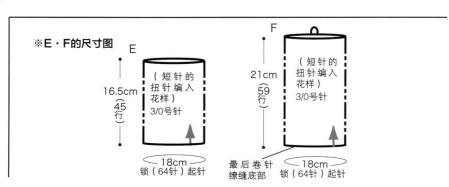

※E·F的尺寸图

E
16.5cm（45行）
3/0号针
（短针的扭针编入花样）
18cm
锁（64针）起针

F
21cm（59行）
3/0号针
（短针的扭针编入花样）
18cm
锁（64针）起针
最后卷针缭缝底部

A

14.5cm（40行）

（短针的扭针编入花样）

5/0号针

18cm
锁（60针）起针

B

20cm（55行）

（短针的扭针编入花样）

5/0号针

18cm
锁（60针）起针

最后卷针缭缝底部

第38～40行

A的护臂用短针编织

A・B配色表

	B	A
■	酒红色	蓝色
■	橘红色	绿色
□	白色	白色
■	深绿色	深蓝色
■	芥末黄	浅米色
■	深褐色	蓝紫色
■	深蓝色	深褐色
■	浅褐色	
■	抹茶色	

□ = ╳（短针的扭针）

※图按作品B的配色绘制，作品A替换作品B图中颜色进行编织。

※作品A护臂的第38～40行用指定颜色编织。

A・B

扣袢

锁（8针）
引拔里山后返回

⑤⑩⑮⑳㉕㉚㉟㊵㊺㊿55

60 55 50 45 40 35 30 25 20 15 10 5 1

编织始端
锁（60针）起针

●= 纽扣缝接位置　　※锁针起针…A=深褐色、B=深蓝色

E・F

扣袢

锁（8针）
引拔里山后返回

第45行

E的护臂用短针编织

E、F配色表

	F	E
□	黄色	浅米色
■	深绿色	深蓝色
■	蓝紫色	酒红色
□	白色	白色
■	松石绿	深粉色
■	绿色	蓝色
□	芥末黄	绿色
■	深蓝色	深褐色

□ = ╳（短针的扭针）

※图按作品F的配色绘制，作品E替换作品F图中颜色进行编织。

※作品E护臂的第45行用指定颜色编织。

①⑤⑩⑮⑳㉕㉚㉟㊵㊺50 55 59

64 60 55 50 45 40 35 30 25 20 15 10 5 1

编织始端 锁（64针）起针

●=纽扣缝接位置　　※锁针起针…E=深粉色、F=松石绿

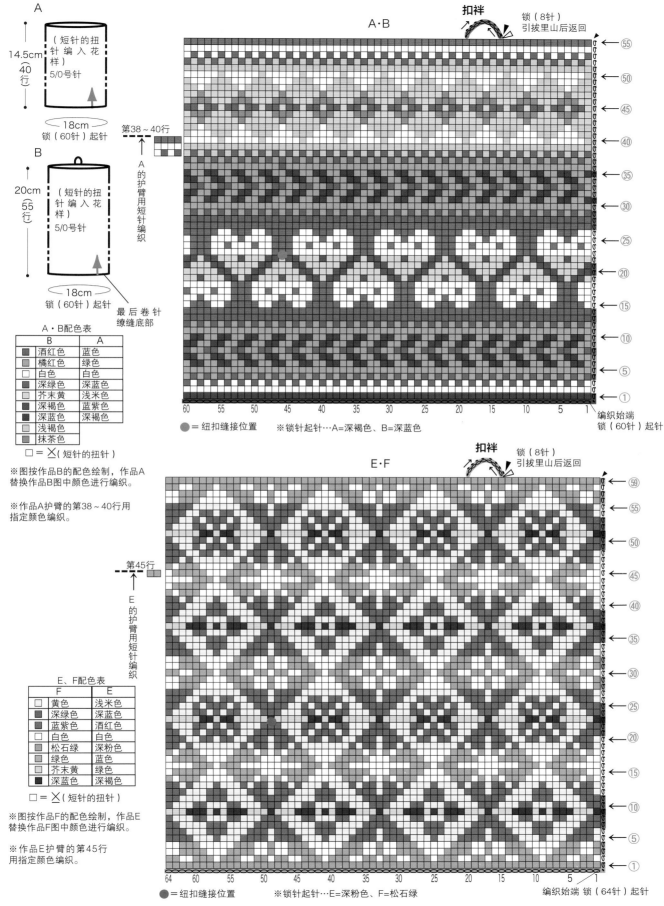

林琴美的
北欧针织色彩魔术

林琴美的"快乐编织物"是年复一年游历北欧交流手工经验的结晶。
游历收获的灵感，同传统针织和色彩不期而遇。
各种手编而成的小物品，充溢在美好生活的每一天。

当地图片／林琴美 图片／本间伸彦 排版·文章／仓岛理惠

环针2支
轻松手工！

a 起伏针的加针和伏针固定反复编织，制作出奇特形状的围巾，随意围绕脖间。
b 为新刊设计的袜子作品——用相同号数的两支环针编织而成，比四支棒针编织更加轻松！
c、d、e 每年举办的针织研讨会，已经是第13个年头。在丹麦、芬兰等7个国家8个地区轮流举办，2009年则在东京召开。

与相遇北欧编织
物邂逅

f 短针的扭针编织的茶壶套。使用芬兰的传统图案及颜色。
g 靠垫使用了瑞典产的段染线，引回针编织而成。
h 爱沙尼亚的特殊针法编织的护臂。
i 丹麦设计师教授的针法编织的围巾。是一种享受拼接乐趣的编织针法。

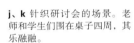

　　林琴美每年都要把喜爱的编织工具塞满旅行包，展开她的旅途。其实，这就是每年一度的针织研讨会，由丹麦针织协会主办。聚集了北欧为主的各国针织爱好者，大家一起学习当地的传统技法和新技法。

　　"一起动手，了解不同的针织或学习方便工具的使用方法等，满是惊喜！"

　　"在这满是发现的旅途中，感受到不同于日本的丰富色调使用。比如，地铁里接近紫色的粉色装饰、贩卖的毛线、研讨会参加者的家庭装饰或自己穿戴的针织品等，都有着妙趣横生的颜色。用色范围宽松，可自由享受编织乐趣！"

　　"同北欧的色调接触期间，对颜色的认识和幻想就越加丰富。经常会搭配出未曾尝试的色调，或创作出奇妙的颜色作品！"

j、k 针织研讨会的场景。老师和学生们围在桌子四周，其乐融融。
l、m 看着朋友们穿着各种作品是最兴奋的时刻。
n 芬兰特有的编入花样编织的连指手套。
o 挑战制作特色的室内鞋。这种起伏针的编入花样非常少见。

使编织更有趣的配色话题

3 配色的灵感

海外的手工书中，作品或图书设计等新鲜的色调处处可见。图中，右侧是澳大利亚的书，中央是针对孩子的手工书，左侧是一位丹麦朋友的书。欧美的针织书，除了适应初学者，还记录许多颜色的话题，可见其对颜色的重视程度。

1 使编织更有趣的配色话题

选择颜色是和设计一样的要素。相同编织图选择不同的颜色，或者颜色排列方式的不同都决定了作品的风格。上图中4色护臂均使用相同颜色编织，仅仅改变了颜色的顺序。是不是呈现出不同效果？所以选择颜色就是创作的第一步。

4 模仿喜欢的作品

我喜欢某些的色调，经常吸引着我。比如，深蓝色 × 黄绿色、橘黄色 × 绿色、橘黄色 × 亮粉色、红色 × 粉色等。理论掌握颜色的份量均匀十分重要，但是模仿也是方法之一。

2 颜色表现个性

或许，对于日照时间较短的北欧地区，需要用丰富的色调增添生活中的色彩！所以，这地区的人们最擅长配色。上图的多米诺针的笔袋使用大胆的配色，彰显了个性的自由及想象力的丰富。

右：毛线座
左：毛线罩

5 尝试补色

补色就是搭配完全相反的颜色。具有冲击感的配色，如果不擅长可以使用同色系颜色补色。比如，紫色 × 绿色的杯垫，通过添加与这两种颜色色系相同的水蓝色，搭配出和谐的效果。此外，原色及亮绿色等无彩色也是适合补色的辅助色。

颜色的体验
工具的体验

p 多米诺编织的针插，插针或固定针数环等都可。
q 使用毛线剩料用于填充棉。针织的小盒，不会碎也不会倒。
r 固定围巾的别针是教我多米诺针法的朋友送给我的小礼物。
s 棒针筒使用白桦皮制作而成。
t 平钩针是瑞典朋友介绍我用的工具，最适合用于钩编手套和护臂等。

林琴美
Kotomi Hayashi

从手工杂志编辑到针织作家。2000 年开始参加北欧针织研讨会，同北欧针织结缘，并将传统针织及特殊针法传播到日本，发挥着针织文化交流桥梁的作用。

　　林老师设计制作针织品之前，曾担任手工杂志的编辑。工作期间，看到各种编织书籍大多适合初学者，并不能够满足有更高求知欲的人。——"喜欢上编织，但是看到的都是简单的平针编织，迟早会厌倦！希望体验更多编织乐趣和未知的编织知识。"

　　"怀着这样的憧憬，尝试编辑北欧设计师教授的多米诺针法的书，或者用相同主题设计出十多款花样，从中找出最合适的，编辑组合成独具创意的设计。"

　　"接触新鲜事物困难重重，但也乐在其中。选择颜色的乐趣、自由幻想的乐趣、针织中的乐趣，也就是本书的核心。"于是，随着对编织爱好的加深，林老师自然而然收集了各种新鲜工具，还有研讨会交流的经验等。有编织物的生活充满阳光，同样，还有更多的阳光也在等着你！

Material Guide

本书所用线的介绍

1 Premio
羊毛100%（内塔斯马尼亚羊毛40%）　40g一卷　约114m　25色　钩针5/0～6/0号

2 make make cocotte
羊毛100%（内美利奴羊毛50%）　25g一卷　约65m　15色　钩针6/0～7/0号

3 Ever
羊毛100%（内塔斯马尼亚羊毛50%）40g一卷　约78m　10色　钩针6/0～7/0号

4 Ever TWEED
羊毛96%（内塔斯马尼亚羊毛33%）尼龙4%　40g一卷　约78m　11色　钩针7/0～8/0号

5 Tree House Leaves
羊毛80%（美利奴羊毛）　羊驼毛20%（幼羊驼毛）　40g一卷　约72m　10色　钩针7/0～8/0号

6 Nicotto
羊毛65%　腈纶35%　30g一卷　约60m　8色　钩针7/0～8/0号

7 Champagne
羊毛60%　安哥拉羊毛20%　尼龙15%　涤纶5%　25g一卷　约100m　7色

8 Champagne Tweed
羊毛38%　腈纶53%　人造丝6%　涤纶3%　30g一卷　约100m　6色

9 艺丝羊毛（L）
羊毛100%（美利奴羊毛）　40g一卷　约80m　45色　钩针5/0号

10 苏罗梦罗 奥帕卡羊毛（L）
羊毛60%　羊驼毛40%　40g一卷　约92m　5色　钩针6/0号

11 驻娜
腈纶60%　羊毛40%　50g一卷　约45m　32色　钩针6/0号

12 露普
人造丝65%　涤纶35%　40g一卷　约38m　10色　钩针10/0号

13 贝仙
羊毛100%　40g一卷　约120m　100色　钩针7/0号

14 斯帕特 摩登
羊毛100%　40g一卷　约80m　50色　钩针7/0～8/0号

15 小卷Café Demi（色）
腈纶70%　羊毛30%　5g一卷　19m　30色　钩针2/0～3/0号

16 小卷Café Demi（含金银线）
羊毛98%　涤纶2%　5g一卷　17m　6色　钩针2/0～4/0号

17 小卷Café 爱抚（色）
腈纶70%　羊毛30%　20g一卷　57m　15色　钩针5/0～6/0号

（实物大小）

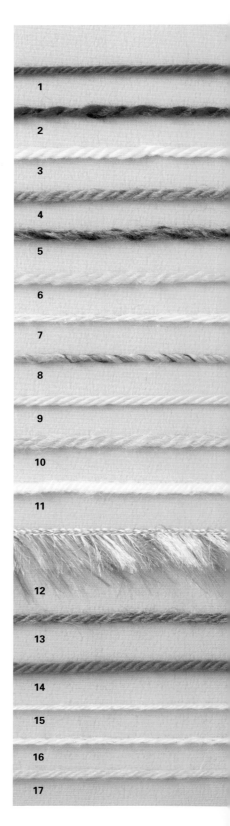

※ 印刷刊物，图片中的线同实物会有些许色差。

※1～17 从左开始为，含量→规格→线长→色数→适用针。

帽 子 photo → 第 61 页

使用的线和针

OLYMPUS Tree House Leaves/ 水蓝色（2）
…40g、原色（1）…30g 钩针 7/0 号

成品尺寸

头围 52.5cm、深 21cm

织片密度

短针的扭针编入花样 /10cm 见方 16 针 14 行

编织方法

锁 84 针起针，引拔成环状。短针的扭针编入
花样无加减编织至第 18 行，第 19 行开始分散
减针编织至最终行。线头穿入最终行剩余的
12 针。看着锁针起针的内侧，编织 1 行引拔针。

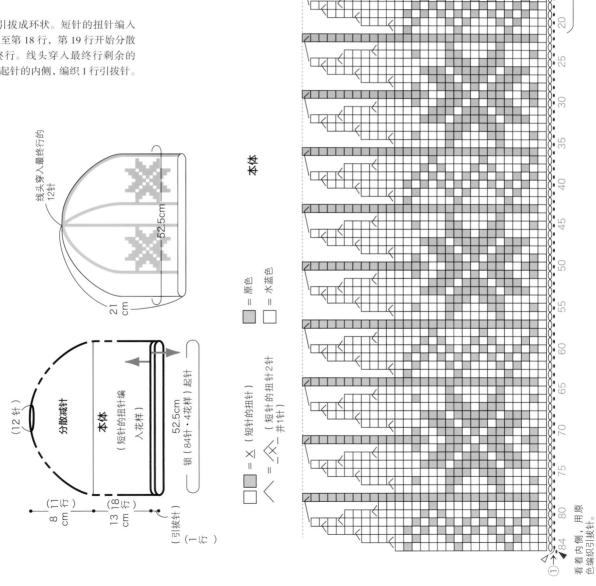

本体

□=区（短针的扭针）

人＝　人　（短针的扭针 2 针
　　　　　　并 1 针）

■＝原色

□＝水蓝色

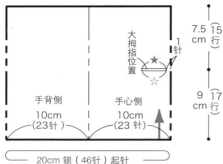

护 臂 photo → 第 62 页

使用的线和针
CLOVER Champagne/红色(61–238)
…26g、白色（61–233）…11g
钩针 4/0 号
成品尺寸
手掌周长 20cm、长 16.5cm

织片密度
短针的扭针编入花样 /10cm 见方
23 针 19 行
编织方法
本体锁 46 针起针，引拔成环状。
短针的扭针编入花样无加减编织，

但第 18 行的大拇指位置锁针开孔。
大拇指从大拇指位置挑 16 针，编织 7 行短针的扭针。

右手
（短针的扭针编入花样）

□ □ = X（短针的扭针）   □ =红色 □ =白色

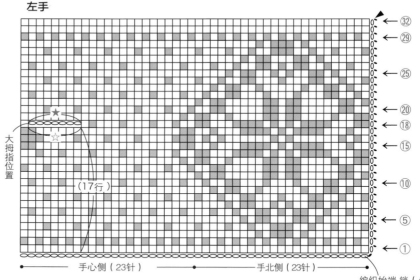

右手

手背侧（23针）   手心侧（23针）

编织始端 锁（46针）起针

右手
（短针的扭针编入花样）

大拇指位置
7.5 (15行) cm
9 (17行) cm
1针
手背侧 10cm（23针）   手心侧 10cm（23针）
20cm 锁（46针）起针

☆ =3cm 锁（7针）起针
※大拇指 位置和大拇指的编织方法 参照52页

左手
（短针的扭针编入花样）

7.5 (15行) cm
9 (17行) cm
1针
大拇指位置
手心侧 10cm（23针）   手背侧 10cm（23针）
20cm 锁（46针）起针

左手

手心侧（23针）   手北侧（23针）

编织始端 锁（46针）起针

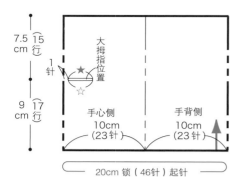

大拇指
（短针的扭针）
红色

3.5 (7行) cm
16针
挑成环状

大拇指

挑16针
□ = X（短针的扭针）
※★ 和 ☆ 各挑7针从，大拇指开孔两端各挑1针。（参照52页）

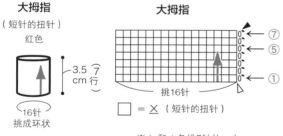

右手 手心侧
3.5 cm

手背侧
16.5 cm
20cm

左手 手心侧
3.5 cm

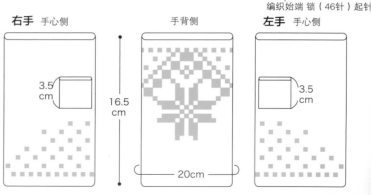

74

护腿 — photo → 第 63 页

使用的线和针

HAMANAKA 艺丝羊毛（L）/ 蓝色
（324）…135g、白色（301）…
50g、红色（335）…12g 钩针 5/0
号

成品尺寸

袜筒周长 30cm、袜长 35.5cm

织片密度

短针的扭针编入花样 /10cm 见方
20 针 18 行、长针 /10cm 见方 19
针 8 行

编织方法

锁 60 针起针，引拔成环状。短针
的扭针编入花样编织 22 行，接着

长针编织 12 行，再编织 8 行短针
的扭针编入花样。接着，编织 2 行
边缘针。从编织始端挑针，编织 2
行边缘针。锁针编织 2 根绳带，绳
带穿入本体的指定位置，端部打结。

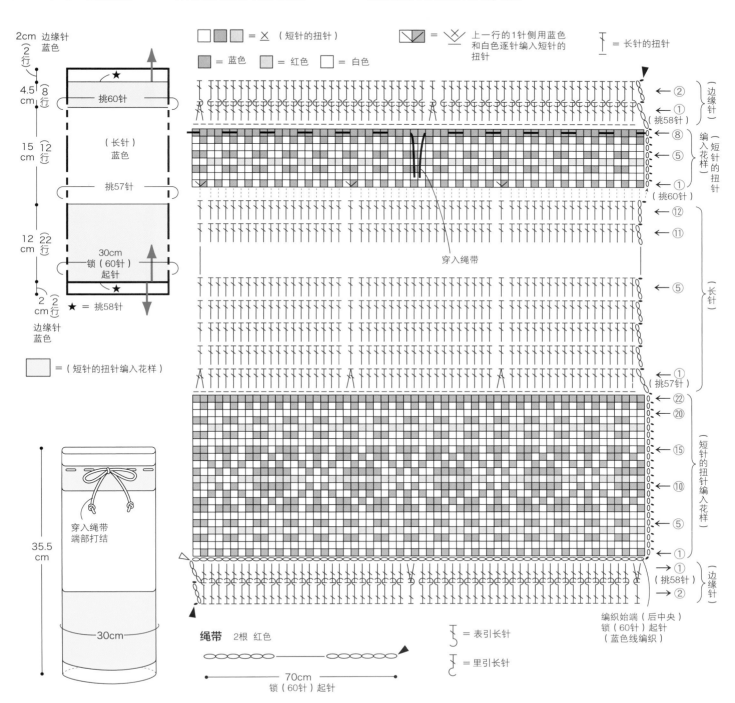

穿入绳带

穿入绳带
端部打结

2cm 边缘针 蓝色
（2 行）

4.5 cm（8 行） 挑60针

15 cm（12 行） （长针）蓝色

挑57针

12 cm（22 行） 30cm 锁（60针）起针

★ = 挑58针

2 cm（2 行）

边缘针 蓝色

＝（短针的扭针编入花样）

35.5 cm

30cm

绳带 2根 红色

70cm
锁（60针）起针

⬜🟦🟥 = ✕（短针的扭针）

🟦 = 蓝色　🟥 = 红色　⬜ = 白色

◸◺ = ⋎ 上一行的1针侧用蓝色和白色逐针编入短针的扭针

⊥ = 长针的扭针

← ② 边缘针
← ①（挑58针）

← ⑧
← ⑤ 编入花样（短针的扭针）
← ①（挑60针）

← ⑫
← ⑪
← ⑤ 长针
← ①（挑57针）

← ㉒
← ⑳
← ⑮ 短针的扭针编入花样
← ⑩
← ⑤
← ①

→ ①（挑58针）
→ ② 边缘针

编织始端（后中央）
锁（60针）起针
（蓝色线编织）

⊥ = 表引长针

⊥ = 里引长针

75

basic lesson

钩针编织的基础

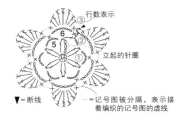

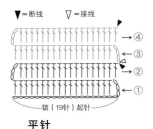

记号图的识别方法

根据日本工业标准（JIS）规定，记号图均为显示实物正面状态。

钩针编织没有下针及上针的区别（引上针除外），即使下针及上针交替着看编织的平针，记号图的表示也相同。

从中心编织成圆形

中心制作线环（或锁针），每一行都按圆形编织。各行的起始处接立起编织。基本上，看向织片的正面，按记号图从右至左编织。

▲=断线　=记号图被分隔，表示接着编织的记号图的虚线

平针

左右立起为特征，右侧带立起时看向织片正面，按记号图从右至左编织。左侧带立起时看向织片背面，按记号图从左至右编织。图为第3行替换成配色线的记号图。

▼=断线　▽=接线

锁针的识别方法

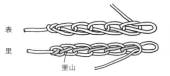

表
里
里山

锁针分为表侧及里侧。里侧的中央1根突出侧为锁针的"里山"。

线和针的拿持方法

1 将线从左手的小拇指和无名指之间引出至内侧，挂于食指，线头出于内侧。

2 用大拇指和中指拿住线头，立起食指撑起线。

3 针用大拇指和食指拿起，中指轻轻贴着针尖。

初始针圈的制作方法

1 如箭头所示，针从线的外侧进入，并转动针尖。

2 再次挂线于针尖。

3 穿入线环内，线引出至内侧。

4 拉住线头、拉收针圈，初始针圈完成（此针不计入针数）。

起针

环

从中心编织成圆形
（线头制作线环）

1 左手的食指侧绕线2圈制作线环。

2 抽出手指，钩针送入线环后挂线，并引出至内侧。

3 再次挂线于针尖引出线，编织2针立起的锁针。

4 第1行将钩针送入线环中，编织所需针数的短针。

5 先松开针，拉住初始线环的线及线头，拉收线环。

6 第1行的末端，钩针送入初始短针的头部后引拔。

从中心编织成圆形
（锁针制作线环）

1 编织所需针数的锁针，入针于初始锁针的半针，并引拔。

2 挂线于针尖引出，编织立起的锁针。

3 第1行入针于线环中，锁针挑起束紧，编织所需针数的短针。

4 第1行的末端，入针于最初的短针的头部，并引拔。

平针

1 编织所需针数的锁针及立起的锁针，入针于端部第2针锁针，挂线引拔。

2 挂线于针尖，引出线。再次挂线于针尖，2线样一并引拔。

3 第1行编织完成（立起的锁1针不计入针数）。

76

上一行针圈的挑起方法

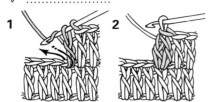

编入1针

1 **2**

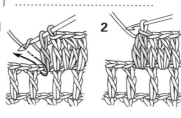

挑起束紧编织锁针

1 **2**

即使是相同的泡泡针，针圈的挑起方法也会因记号图而改变。记号图下方闭合时编入上一行的1针，记号图下方打开时挑起束紧编织上一行的锁针。

针法记号

⬭ 锁针

1 制作初始针圈，挂线于针尖。

2 引出挂上的线，锁针完成。

3 同样方法，重复步骤1及2进行编织。

4 锁针5针完成。

● 引拔针

1 入针于上一行针圈。

2 挂线于针尖。

3 线一并引拔。

4 引拔针1针完成。

✕ 短针

1 入针于上一行。

2 挂线于针圈，线袢引出至内侧。

3 再次挂线于针尖，2线袢一并引拔。

4 短针1针完成。

┰ 中长针

1 挂线于针尖，入针于上一行针圈后挑起。

2 再次挂线于针尖，引出至内侧。

3 挂线于针尖，3线袢一并引拔。

4 中长针1针完成。

┟ 长针

1 挂线于针尖，入针于上一行针圈，再次挂线引出至内侧。

2 如记号所示，挂线于针尖引拔2线袢（此状态称作"未完成的长针"）。

3 再次挂线于针尖，如箭头所示引拔余下的2线袢。

4 长针1针完成。

∦ 加长针　∭ 三卷长针　*（）内为三卷长针的针数

1 绕线于针尖2圈（3圈），入针于上一行针圈，挂线后引出线袢至内侧。

2 如箭头所示挂线于针尖，引拔2线袢。

3 同步骤2重复2次（3次）。

4 加长针1针完成。

⬦ 短针2针并一针

1 如箭头所示，入针于上一行1针，引出线袢。

2 下个针圈同样方法，并引出线袢。

3 挂线于针尖，3线袢一并引出。

4 短针2针并1针完成。比上一行减少1针。

⩔ 短针2针编入　⩔ 短针3针编入

1 编织1针短针。

2 相同针圈侧再次入针，线袢引出至内侧。

3 挂线于针尖，2线袢一并引出。

4 上一行的1针编入2针短针。比上一行增加1针。

长针2针并1针

1 上一行的1针侧制作未完成的长针1针，钩针如箭头所示送入下个针圈引出。

2 挂线于针尖，引拔2线祥，制作第2针未完成的长针。

3 挂线于针尖，如箭头所示3线祥一并引拔。

4 长针2针并1针完成。比上一行减少1针。

长针2针并1针

1 已编织1针长针的相同针圈侧，再次编入1针长针。

2 挂线于针尖，引拔2线祥。

3 再次挂线于针尖，引拔余下的2线祥。

4 1针侧编入2针长针。比上一行增加1针。

短针的扭针

1 看着每行正面编织。整周编织短针，引拔于初始的针圈。

2 编织立起的锁1针，挑起上一行外侧半针，编织短针。

3 同样按照步骤2要领重复，继续编织短针。

4 上一行的内侧半针为扭转状态。编织完成短针的扭针第3行。

短针的畦针

1 如箭头所示，入针于上一行针圈的外侧半针。

2 编织短针，下一针圈同样入针于外侧半针。

3 编织至端部，改变织片方向。

4 同步骤1·2，入针于外侧半针，编织短针。

锁3针的引拔狗牙针

1 编织锁3针。

2 入针于短针的头半针及底1根。

3 挂线于针尖，如箭头所示一并引拔。

4 引拔狗牙针完成。

长针3针的泡泡针

1 上一行针圈侧编织1针未成的长针。

2 入针于相同针圈，接着编织2针未完成的长针。

3 挂线于针尖，挂于针的4线祥一并引拔。

4 长针3针的泡泡针完成。

中长针3针的变形泡泡针

1 上一行相同针圈侧编织3针未完成的中长针。

2 挂线于针尖，先引拔6线祥。

3 再次挂线于针尖，引拔余下的2线祥。

4 中长针3针的变形泡泡针完成。

长针5针的泡泡针

1 长针5针编入上一行相同针圈，先松开针、如箭头所示重新送入。

2 如箭头所示，针尖的针圈引拔至内侧。

3 再次编织1针锁针，并拉收。

4 长针5针的泡泡针完成。

表引短针

1 如箭头所示，从内侧入针于上一行短针的底部。

2 挂线于针尖，引出比短针稍长的线。

3 再次挂线于针尖，2线祥一并引拔。

4 表引短针完成1针。

里引短针
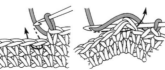

1 如箭头所示，从外侧入针于上一行短针的底部。

2 挂线于针尖，如箭头所示引出至织片的外侧。

3 引出比短针稍长的线，再次挂线于针尖，2线祥一并引拔。

4 里引短针完成1针。

表引长针

1 挂线于针尖，如箭头所示，从表侧入针于上一行长针底部。

2 挂线于针尖，延长引出线。

3 再次挂线于针尖，引拔2线袢。再次重复相同动作。

4 表引长针完成。

里引长针

1 挂线于针尖，如箭头所示，从里侧入针于上一行长针底部。

2 挂线于针尖，如箭头所示引出于织片外侧。

3 延长引出线，再次挂线于针尖，引拔2线袢。再次重复相同动作。

4 里引长针完成。

长针1针和2针的右上交叉

1 挂线于针，如箭头所示入针于跳过1针针圈，编织2针长针。

2 挂线于针，如箭头所示入针于跳过的针圈。

3 挂线于针圈，引出至之前编织完成的长针内侧，编织长针。

4 长针1针和2针的右上交叉，完成。

长针1针和2针的左上交叉

1 挂线于针，如箭头所示入针于跳过2针的针圈，编织长针。

2 挂线于针，如箭头所示从之前编织完成的针圈外侧入针，编织2针长针。

3 挂线于针引出，编织完成第1针长针。

4 长针1针和2针的左上交叉完成。

逆短针

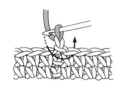 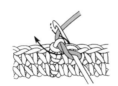  

1 编织完成1针立起的锁针，如箭头所示从内侧转动钩针，送入右侧针圈。

2 从线上挂针，如箭头所示引出至内侧。

3 挂线于针，2线袢一并引拔。

4 重复步骤1至3，编织至最后抽出钩针。如箭头所示入针于编织始端的针圈，将针圈引出至反面。并在反面处理线头。

环编的行末端换线的方法

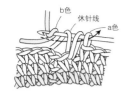   

1 完成行末端的短针，休针的线（a色）从内侧至外侧，下一行用编织线（b色）引拔。

2 引拔完成。a色在反面休针，入针于第1针短针的头部，用b色引拔成环状。

3 线环完成。

4 接着，编织1针立起的锁针，再编织短针。

引拔拼接

 **1** 正面对合2片织片（胡奥反面对合），入针于端部针圈引出线，再次挂线于针引拔。

 **2** 入针于下一针圈，挂线于针引拔。重复此步骤，逐针引拔拼接。

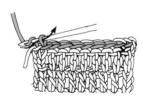 **3** 拼接完成，挂线于针引拔，并断线。